"十二五"普通高等教育规划教材

21世纪高等院校艺术设计系列实用规划教材

室内空间设计与实训

卫东风　编著

北京大学出版社

PEKING UNIVERSITY PRESS

内 容 简 介

本书是一本基于空间理论在室内设计领域运用，系统阐述空间概念与类型、空间形态要素与构成组织、实验性设计拓展的课程教材。本书旨在开拓学生在室内设计活动中的空间创意思维，提高学生室内空间规划、组织和设计的创新能力。

本书分上、下篇，共9章。上篇涉及认知·室内空间设计基础，包括：第1章走进身边的空间；第2章空间与形态要素设计；第3章空间与形态结构设计。下篇涉及实验·室内空间设计拓展，包括：第4章空间与类型设计；第5章~第8章分别介绍屋中屋、折叠空间、曲面空间、孔洞性空间的设计策略，帮助学生拓展空间创新设计能力；第9章室内空间设计课题训练。

本书既可作为高等院校室内设计专业及相关艺术设计专业的教材，也可以作为行业爱好者的自学辅导用书。

图书在版编目（CIP）数据

室内空间设计与实训/卫东风编著. —北京：北京大学出版社，2014.4
（21世纪高等院校艺术设计系列实用规划教材）
ISBN 978-7-301-23888-2

I. ①室… II. ①卫… III. ①室内装饰设计—高等学校—教材 IV. ①TU238

中国版本图书馆CIP数据核字(2014)第020504号

书　　　　名：**室内空间设计与实训**
著 作 责 任 者：卫东风　编著
策 划 编 辑：孙　明
责 任 编 辑：孙　明
标 准 书 号：ISBN 978-7-301-23888-2/J·0565
出 版 发 行：北京大学出版社
地　　　　址：北京市海淀区成府路205号　100871
网　　　　址：http://www.pup.cn　　新浪官方微博：@北京大学出版社
电 子 信 箱：pup_6@163.com
电　　　　话：邮购部 010－62752015　发行部 010－62750672　编辑部 010－62750667
印 刷 者：北京宏伟双华印刷有限公司
经 销 者：新华书店
　　　　　　889mm×1194mm　　16开本　　11印张　　320千字
　　　　　　2014年4月第1版　　2023年7月第6次印刷
定　　　　价：55.00元

前　言

空间设计是室内设计专业方向的专业课程之一。通过本课程的学习，学生可以了解空间的基本概念和基本知识，以及建筑空间与室内空间之间的关系；理解空间设计在室内设计中的地位和作用；熟悉室内空间的原理、构成和操作三个重要环节及其递进过程；掌握室内空间设计的方法和程序。关于本书的编写及教学安排，有如下思考和建议。

一、透过建筑看室内

室内设计是对建筑设计的延伸，研究室内空间设计、展开设计教学都离不开对空间概念、建筑空间的基本理论的教学研究。所谓以"建筑师眼光看问题"，我们倾向于以用建筑空间理论与建筑空间设计教学为基础，来提升室内空间设计与教学的研究性。透过建筑看室内，建筑是"基石"，室内是"核心"，家具是"要素"，展示是"拓展"。

二、关于课程内容组织

本书分上、下篇，共9章。上篇为认知·室内空间设计基础，该篇在理论讲授中，通过原理解读，使学生初步了解空间、环境的概念知识、空间与形态要素、空间与形态结构设计，进而夯实设计基础；下篇为实验·室内空间设计拓展，该篇通过对室内类型设计、屋中屋设计、折叠空间设计、曲面空间设计、孔洞性空间设计的原理解读和设计操作策略研究，为提高学生的创新设计能力打下基础。

三、关于教学重点

1．空间的认知

对空间的认知比较复杂，是本课程教学的难点。人们对身边空间常表现出熟视无睹，自认为最熟悉身边的空间环境。人的成长过程始终与空间环境相随，对空间环境中的构成内容和特色似乎达到了如指掌的程度。其实不然，人们通常会因自认为的熟悉而忽略，相处长久后对空间环境会产生视觉疲劳或麻木之感，缺少了感观新发现和激情的挖掘。

教学目的是提醒学生关注身边的空间，审视身边的空间；在不断增长的专业知识、理论思潮变换与影响的基础上，时刻注意空间的构成和发展，从学习与实践中增强空间知识和空间表现的阅历。其中，理论教学和图解分析是空间认知、空间构成、设计操作的基础。

2．空间与形态要素、空间与结构设计

空间与形态要素、空间与结构设计教学是本书的核心内容。

其一，研究空间与形态要素。研究基本要素包括抽象化的点、线、面、体，基本要素是抽象形态的表现形式，由具体空间内容的表达而形成；研究限定要素，包括水平要素、垂直要素和综合要素。空间创意过程中最重要的是如何用实体来限定出特定的空间，只要稍加留意，你就会在我们身边的空间中找出许多限定方法，如围合、高差、覆盖、构架、设立等；同时，研究规则基本形和非规则基本形，尤其是非规则基本形对空间生成的影响。

其二，研究空间与形态结构。研究包括：并列结构（连接、接触、集中式、串联式、放射式、群集式和网格式等），次序结构（重叠、包容、序列式和等级式），拓扑结构等；通过基本图解和室内设计案例分析，诠释设计原理和设计手法。三大结构原理本身并不复杂，但在实际工程案例和纷繁空间表现中如何辨识结构类型却并不容易。最常见的情况是，室内工程的空间结构是隐性的、时隐时现的、重叠交错的，需要通过理解原理和操作训练，分析平面布局中的区域、路径、界面、节点，以及鸟瞰整体模型来提取结构框架，才能达到快速辨识结构和灵活运用结构组织为空间设计服务的目的。

3．室内空间设计拓展

新科学、新理论影响下的当今建筑设计作品中出现了许多形态更加复杂的建筑空间，需要有与之适应的室内设计配套，使之在空间设计观念、方法及室内新形态生成手法上与新建筑完美结合。现有的室内设计教学内容和方式显得不相适应或力不从心。为了不与建筑设计发展脱节，在室内教学中有必要通过理论与技术拓展来满足多元化的教学目标，促进教学创新。在实验·室内空间设计拓展篇中，编者力求介绍新知，尝试学习和研究新的设计方法，重点讨论了类型设计、屋中屋设计，以及室内空间复杂形态，如折叠空间、曲面空间、孔洞性空间等概念和生成方法。

四、关于空间与图解

本书注重以图解阐释空间概念和设计操作步骤。图解的最基本属性是抽象，更多的是对结构、秩序及机制的提取。图解将表达对象中的一种或数种属性提取出来，屏蔽其他属性，进而显现出提取内容的存在状态或某种组织关系。"图解"包括两个层面：基本图解（Fundamental Diagram），演示或解释某对象的工作方式或为了阐明对象各部分之间关系所设计出的图形，其功能表现为诠释和分析，通过提取对象的结构、秩序或机制来完成这种功能；操作图解（Operational Diagram），是以基本图解为基础，用以产生新逻辑、新形态及新组织结构的图形操作和转译的工具。操作图解被喻为设计过程中的"发生器"，即指其创造新形式的功能。

本书中的理论介绍是通过基本图解来诠释概念，而案例作品则保留了原设计中的操作步骤和空间生成图解，采用将大信息量、有序步骤、过程图纸、渐变照片拼合的集合版面图解，给学生提供作业模式和参考。

五、关于课题训练

本书注重课题训练的教学研究和实训作业设计，在各章的结尾部分统一安排了小课题实训操作，包括课题名称和目的、操作要素、操作步骤、作业评价、作业案例等，通过理论概念和实践操作的密切结合，使学生及时消化所学习的内容。

本书的最后一章是长期作业，主题性室内空间设计实训：其一，介绍主题性空间设计的基本要求，不同类别室内空间设计要点；其二，商业空间、酒店空间设计案例介绍，包括项目要求、设计细节、课题操作程序、案例评价；其三，对应课题练习，要求学生根据教学进度，完成模拟课题设计，通过专题观摩、资料整理，在调研的基础上，收集相关数据，完成概念设计、方案设计，对不同类别的空间组织、界面装饰等作进一步深入探讨。案例教学过程中，注重实践过程记录，通过图纸、模型、文字、图解等，完成实训作品。

六、建议课时安排

（1）一般艺术学院实行每周16学时制，课程4周是64学时，部分学院课程安排是3周48学时。本书第1章～第3章涵盖了空间设计的基本知识点，这3章作为基本课程教学内容和实训练习安排，而其他章可供学生课余学习和欣赏。

（2）本书可以采用两阶段课程教学安排，采取2周加2周（或3周加2周）的方式。其中，本书第1章~第3章空间设计的基本知识点和练习为前2周（或3周）的教学内容，本书第9章课题设计的其中一个类型为后2周（或3周）的教学内容。这样的两阶段安排将理论知识点与不同类型室内设计应用结合起来，相对比较灵活，其他章可供学生课余学习和欣赏。

（3）本书可以专供主题性室内设计课程教学使用，在3周48学时（或4周64学时）课程中，以本书第2章、第3章、第9章为教学重点。其中，第2章、第3章为基本知识点，贯穿其专业设计课程课堂教学；第9章为长期作业。

在本书编写过程中，编者的研究生徐瑶、苏卫红、朱珂璟、陈宁、浦茜、何婷、夏宁娟、郁郁、李付兰、曹子昂、张嵘、闫子卿、李佳、郭涛、许哲诚、孙毓、曾莉、郑雷、任菁、刘蕴蕴、刘冰、孙淦、徐媛媛、苏宇、俞菲、吉晨晖、张楚浍、王珊珊、刘品轩为本书收搜集整理了大量资料；同时，书中所使用作业图例多为编者本人教学指导的南京艺术学院设计学院2011届、2012届、2013届室内设计专业学生的优秀作业和作品，在此一并表示衷心的感谢！

感谢南京艺术学院设计学院院长邬烈炎教授、副院长詹和平教授的指导、督促和帮助！感谢北京大学出版社孙明编辑的指导和帮助！

编者从事室内设计教学与实践多年，本书试图去适应多种层次的教学要求。由于编者水平有限，书中不妥之处在所难免，恳请专家、学者及广大读者提出宝贵意见。

编　者

2014年2月

课程教学安排建议（教案）

课程名称	室内空间设计	教 师		学 分	3	学 时	64
前修课程	素描、色彩、设计基础、建筑设计初步、制图基础、计算机辅助设计、室内设计基础						
选修人数	上限　　　下限						
教学时段	（　-　周）						

教学目的

（1）掌握形态与空间设计的相关知识。

（2）掌握空间室内与外部环境多种设计方法。

（3）进行空间形态与组织设计、空间设施与家具设计、外立面及标志设计练习。

（4）基本空间规划、组织和设计能力及素质培养。

教学内容与课时分配

第1章 走进身边的空间　　　　（4课时）

第2章 空间与形态要素设计　　（10课时）

第3章 空间与形态结构设计　　（20课时）

第9章 室内空间设计课题训练　（30课时）

其余章节可作为辅助教学安排和学生课外阅读。

理论讲授

（1）空间概念。

（2）基本要素、限定要素。

（3）并列结构、次序结构、拓扑结构。

（4）空间与类型设计、屋中屋设计。

（5）折叠空间、曲面空间、孔洞空间设计。

知识点及教学难点

（1）概念设计、功能布局设计的理论与操作。

（2）空间理论、并列结构、次序结构、拓扑结构。

（3）线式、组团式、集中式组合的理论与操作。

（4）光与影、照明设计基本原则、照明设计应用。

（5）人体工学与家具设计、家具与空间关系。

教学方法及手段

(1) 理论讲授。　　　　　　　　　　　　(2) 多媒体课件教学。

(3) 课堂教学示范。　　　　　　　　　　(4) 网上调研及实地考察相关设计项目。

(5) 相关实践项目现场讲评。

教学考核与评分标准

一、出勤率与平时作业占50%

(1) 确保出勤率和到堂听课。　　　　　　(2) 课堂作业与课外作业完成情况。

(3) 对作业要求及要点、目的性的理解。

二、课程终评占50%

(1) 课程作业汇总方式：文本、展板、PPT汇报。　　(2) 课程小结完成质量。

教学课题与作业

课题设计选题：《餐厅空间设计》参见本书第9章。

课题操作进度一（第1周作业）

□ 主题与目标：餐厅设计项目前期规划，项目调研、功能布局设计、概念设计。

□ 方法与步骤：按照所讲授的基本作图程序，完成：①调研文本；②平面布局；③动线设计。

□ 作业规格：平面规划草图2张，CAD平面方案图2张，调研文本1000字。参见本书第2章、第3章、第9章。

课题操作进度二（第2周作业）

□ 主题与目标：餐厅室内设计包括空间划分、主要场景创意设计。

□ 方法与步骤：按照所讲授的基本作图程序，完成：①门厅、大厅透视草图；②门面透视草图。

□ 作业规格：手绘透视草图2张，主场景3ds Max概念表现图1张（草图建模）。参见本书第3章、第9章。

课题操作进度三（第3周作业）

□ 主题与目标：主要场景立面设计，包括外立面建模、大厅主立面建模、顶面设计。

□ 方法与步骤：寻找标志性图形要素，完成：①外立面形态、标志设计；②大厅主场景要素设计。

□ 作业规格：外立面3ds Max建模和主场景3ds Max建模和渲染测试。参见本书第3章、第9章。

课题操作进度四（第4周作业）

□ 主题与目标：完善设计，包括场景光效分析、家具设计、陈列装饰细化。

□ 方法与步骤：按照所讲授的基本作图程序，完成：①照明细化；②家具设计；③装饰陈列设计。

□ 作业规格：主场景3ds Max概念表现图3张，设计说明400字；立面、家具、灯具CAD图纸3张。

课题操作进度五（第4周周末作业）

□ 课程作业汇报PPT：①PPT封面设计；②设计项目调研与说明；③设计进度计划；④图纸（平面图、立面图、主要场景透视图、外观图、家具图）；⑤主材说明；⑥装饰配置说明。

□ 课程作业汇总：完成A3文本一份，横排版式。包括课程作业汇总封面、作业说明、目录、平面图、立面图、主要场景透视图、汇总展板和附件（调研文本）。

□ 课程作业小结：A4文本，不少于1000字，包括课程教学内容、作业、要点、学习体会、教学过程中教师指导意见。

注：“课程教学安排建议”仅提供了一种教学重点、进度和作业安排模式，教师可以根据自己的教学需要，灵活拉长或缩短课时。

目　录

上篇　认知·室内空间设计基础

　　本篇共分三章，分别从理论认知的角度，对空间概念、空间与形态要素设计、空间与形态结构设计进行了梳理，还对原理阐释和室内空间案例进行图解分析，目的是进一步凸显基本理论知识的重要性，夯实室内空间设计基础。

　　走进身边的空间：空间是人类乃至万物生存发展的第一要素。要界定空间的存在，必定要有三个条件：判断者也就是人作为主体的存在、空间范围也就是多维的存在，以及判断空间位置存在的参照物的存在。人作为空间的认知者和判断者是不可或缺的；没有范围（尺度）的空间是不存在的；没有位置的空间是不存在的。我们生存的环境中，到处存在着以长、宽、高三维尺度构成的空间，三维关系中某一个尺寸发生变化，将导致空间关系发生变化。

　　空间与形态要素设计：走进生活，我们所看到的任何物体都有其形态，这些形态都是由不同层次的要素组成，这些构成要素有着某些一般性规律。形态要素可分为物质要素和非物质要素。以室内空间为例，物质要素包括墙体、顶、地、门窗、隔断、家具、陈设等。非物质要素是指以上物质要素的组织方式和构成规律。限定要素与室内空间设计是教学重点，隔墙与隔断限定，生成室内空间基本形态；顶面与地面限定，对室内区域与环境影响很大；家具与陈设限定，在满足功能需求和陈设表现的同时，生成灵活多变的室内空间。

　　空间与形态结构设计：有两个教学层次：其一，辨识结构。理解结构原理，学会辨识结构，三大结构原理本身并不复杂，但在实际工程案例和纷繁空间表现中辨识结构却不容易，需要通过结构原理和图解揣摩，对室内设计平面布局研究、空间模型的结构比对和拆解来领会结构概念、掌握结构和组织设计特征。其二，结构先行。在分析室内平面的界面关系、功能关系、区域关系、路径和节点基础上，结构优先和先行，设置结构框架，"填绘、分配"功能空间，路径流线、平面图细化，合理、灵活地进行空间组织设计。

第1章 走进身边的空间

课前准备

由教师准备资料（如楼梯、走廊等照片），请每位同学准备A4白纸、美工刀。学生依据选择的照片做剪纸一幅，规定时间为20分钟。20分钟后，检查学生的剪纸形态，确定谁的剪纸表现的空间感较好，参见作业案例（图1-9）。

要求与目标

要求：学生从基本的空间概念开始学习，并走进身边的空间中认识和发现有意味的空间形态。

目标：培养学生的专业认知能力，观察与思考身边的自然形态和人工构筑物的结构特点，为空间课程和空间设计学习打好基础。

教学框架

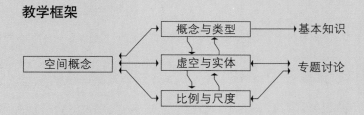

本章引言

空间概念作为一种反映空间特有属性的思维形式，是人们在长期的生活实践中，从对空间的许多属性中，抽出特有属性概括而成的。它的形成标志着人们对空间的认识，已从"空间经验"转化为"空间概念"。

1.1 概念与类型

空间是与时间相对一种物质存在形式。空间是物质存在的广延性和并存的秩序，时间是物质的运动过程的持续性和接续的秩序，空间和时间与物质不可分离，空间与时间也不可分离。在本节中，我们重点讨论空间存在条件、空间感知与体验、空间的类型。

1.1.1 空间

人们对身边的空间常表现出熟视无睹，自认为最熟悉身边的空间环境，其实不然。走进身边的空间，我们需要对空间属性的了解包括：空间的基本定义、存在条件，以及空间的多维性。

1. 空间的基本定义

空间的基本定义由三个层次构成：一是任何事物存在，一定意味着它在什么地方，即位置、地方、处所；二是有"空"的状态；三是任何物体都有大小和形状之别，有长、宽、高的尺寸。

空间是人类乃至万物生存发展的第一要素。宏观空间世界包括宇宙、星系、恒星、行星和各种不同类型的星座。微观空间世界包括分子、原子、原子核、中子、质子、电子。我们要界定空间的存在，必定要有三个条件：判断者——人作为主体的存在；空间范围——多维的存在；判断空间位置存在的参照物。人作为空间的认知者和判断者是不可或缺的，没有范围（尺度）的空间是不存在的，而没有位置的空间也是不存在的。

2. 维度与体量

空间是多维的，永远处于相对的固定和永恒的变化之中，自然空间和人造空间都在变化之中。空间有大小不同，空间的质量也有高低的区别。人们衡量空间的质量，通常以适合人体机能的生物数值为标准。居住空间的内外环境质量是由很多因素决定的。人们用钢筋水泥把自己封闭起来，避开自然的灾害，以求得安全的庇护所，但同时也就远离了自然，这是一个矛盾的结果。

我们生存的环境中，到处存在着以长、宽、高三维尺度构成的空间。三维关系中某一个尺寸发生变化，将导致空间关系发生变化，形成以三维坐标为衡量尺度的单纯空间关系。工作和生活中繁复变化的空间关系，均来自于最基本的空间构成的变化，从空间关系的建构平台上显示出各不相同的形式和寓意。我们描述一个物体在这个空间的位置或体量所用的数据，通常称作维度。生活中的物体通过长、宽、高表现，也称之为三维。长度，是第一维，所以长度能描述的只有"线"，即线是一维空间；宽度，是第二维，长度加宽度，可以描述一个面，所以面是二维空间；高度是第三维，长、宽、高则描述了三维的立体世界。那么，再加上运动与时间作为第四维度和第五维度来描述。三维空间的物体延续性的存在，便是我们对现在自己所能认识到的世界的定义（表1-1）。

表1-1　空间维度

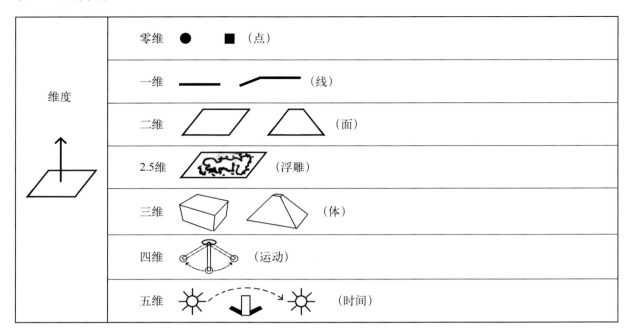

维度	零维	● ■ （点）
	一维	—— ╱— （线）
	二维	▱ ▱ （面）
	2.5维	▱ （浮雕）
	三维	▱ △ （体）
	四维	（运动）
	五维	☀ ⬇ ☀ （时间）

空间之维可能很大，延伸得很远，能直观地显露出来；它也可能很小，蜷缩了，很难看出来。例如，我们常见的水管比较粗大，绕着管子那一维很容易就能看到，假如管子很细——像一根头发丝或者毛细血管那样细，要看那蜷缩的维就不那么容易了。在最微小的尺度上，科学家也已证明，我们的宇宙空间结构既有延展的维，也有蜷缩的维。也就是说，我们的宇宙有像水管在水平方向延伸的、大的、容易看到的维即我们平常经历的三维，也有像水管在横向的圆圈那样蜷缩的维——这些多余的维紧紧蜷缩在一个微小的空间，即使我们用最精密的仪器，也不能探测它们。

物体形态的体量是指形体各部位的体积，在视觉上感到的分量。体量结构是指我们所看到的自然物象所呈现出来的外部形状、体块的组合关系。空间维度也可以通过形态的体量特征提示出来。在建筑上，体量传达安全感或者坚固感；轻巧则传达灵活感或自由感。在漫长的建筑历史中，为了建筑外貌体量的变化创造了众多的处理方法。通过分析具有明显体量感的建筑物，可以揭示运用水平、垂直和强调的形式手法（图1-1、图1-2）。

图1-1　多维的空间处于相对的固定和永恒的变化之中。（设计制作：吴芳，冯淼宁，季婷婷/指导：卫东风）

图1-2　空间有大小不同和质量高低的区别（设计制作：胡静静，庄海艳/指导：卫东风）

1.1.2　空间感知与体验

我们通过各种感觉，如视觉、嗅觉、听觉、触觉、动觉、味觉、痛觉等，来了解和体验环境。其中，视觉是最主要的感知方式。以视觉为主的各种感觉共同作用，形成对空间的认识：大小、形状、方向、位置，从而确定人在空间中的位置与归属。

1. 空间感知

人的环境感知与空间知觉相关，由于空间知觉是对物体形状、大小、距离、方位等空间特性的知觉。因此，空间知觉可分为形状知觉、大小知觉、距离知觉、深度知觉和方位知觉，通过它们可以认识环境的空间特性。

（1）形状知觉。指通过视觉对物体轮廓的观察，给大脑提供关于物体形状多个部分的信息，再通过观察者知觉的组织过程，便形成了整合的形状知觉。

（2）大小知觉。指在视觉、触摸觉和运动觉等共同参与下对特定对象大小的知觉。

（3）距离知觉。指在人的视觉对象中，由于距离远近的不同，而产生不同的距离知觉。

（4）深度知觉。是指对立体物体或两个物体之间前后相对距离的知觉。

（5）方位知觉。是指对物体所处方向的知觉。一个物体在空间中的位置往往借助于周围环境的关系来显现，这些周围环境便形成了该物体方位知觉的参照系。

2. 空间体验

对空间的认识我们不必特意去看、听、触摸或闻，它是一种综合的体验。如果说，建筑是长度、宽度、高度和时间组成的四维空间，那么从空间感知角度出发，建筑则是任意数量、任意维度形成的知觉空间，是由声音、气味、温度、色彩、质感等与人的感受有关的因素形成的空间。同一个室内空间，不同的人有不同的空间感知。即使是同一个人，在不同心境下，感知的空间也不完全一样。不同的生活体验，产生的知觉空间自是大相径庭。设计的终极目标是满足人的需求，使之诗意地生活着（图1-3、图1-4）。

图1-3　勒·柯布西耶*The Monastery of SainteMarie de La Tourette*，*Eveux*，*France*

图1-4　富于诗意的参数化空间建构（设计制作：葛希，程鸣/指导：卫东风）

1.1.3 空间的类型

按空间的内外关系，可以把空间分为三种类型：室内空间、室外空间和灰空间。按照空间的功能与用途，可以把空间分为多种类型，如酒店空间、居住空间、工作空间、学习空间、交通空间、娱乐空间、展示空间等等（表1-2）。

表1-2 空间类型表

因素	分类	阐 述	空间要素	特 点	图 示
内外关系	室内空间	由建筑实体的"内壁"围合而成的"虚空"部分，即是建筑的内部空间	地面、墙壁、天花板	由三个限定要素构成的虚空内部空间	
	室外空间	建筑实体的"外壁"与周边环境共同组合而成的"虚空"部分，形成了建筑的外部空间	地面、墙壁、建筑实体	相对于室内空间而言	
	灰空间	因有天花板，可以说是内部空间；但又开敞，所以又是外部空间的一部分	地面、天花板、空间限定而不封闭	介于室内与室外之间	
功能与用途	居住空间	居住空间系指卧室、起居室（厅）的使用空间，居住空间可以分为基本居住类和别墅居住类	建筑和室内要素与人的生活关系密切	功能性集装饰与实用于一体，是个性的诠释	
	交通空间	交通联系部分包括水平交通空间（走道），垂直交通空间（楼梯、电梯），交通枢纽空间等	通行宽度，联系便捷，互不干扰，通风采光良好等	流通性、安全性、便捷性、空间联系纽带	
	展示空间	展示空间是一个非生活化的空间，是展示产品的商业化和人性化的场所	造型、色彩、多媒体、声光电等	展示性、教育性、动态、序列化、有节奏	

1.2 虚空与实体

哲学家德谟克利特较早提出了具有独立意义的空间概念，即"虚空"。他认为万物的始基是原子与虚空，原子是不可再分的最小的物质微粒，虚空是原子运动的场所，原子是"存在"，而虚空是"非存在"，但"非存在"并不等于"不存在"。

1.2.1　多学科的空间观

从古希腊开始，西方哲学家们就已经把空间作为探索和研究的对象。哲学家德谟克利特、哲学家亚里士多德、数学家欧几里得较早提出了具有独立意义的空间概念，其中，以数学家欧几里得的几何学为基础，为后世空间概念奠定了理论基础。传统哲学、数学和物理学的空间概念综合如下（表1-3）。

表1-3　传统哲学、数学和物理学的空间概念

姓　名	身　份	时　间	观　点
德谟克利特	哲学家	前460—前370	● 万物始基是原子与虚空，原子是"存在"，虚空是"非存在" ● 原子和虚空都是无限的，而看见也不是"创造"出来的
亚里士多德	哲学家	前384—前322	● 不存在无物质的虚空的空间，只有充满着物质的充实的空间 ● 空间"是一切场所的总和，是具有方向和质的特性的力动的场"
欧几里得	数学家	前325—前265	● 他把空间定义为"无限、等质，并为世界的基本次元之一" ● 并认为空间属性理应如此
伽利略	物理学家、天文学家	1564—1642	● 把空间看做是物体运动的不变框架，建立了运动相对原理和落体定律 ● 构建一种空间与物质一体化的认识
笛卡儿	哲学物理学、数学家	1596—1650	● 物质只是广延性的东西，不能思想。 ● 物质的可分性是无限定的，不可能有不可分的原子存在，也不可能有任何虚空
牛顿	数学家、物理学家、天文学家	1642—1727	● 绝对的空间，自身本性与一切外在事物无关，它处于均匀，永不迁移 ● 相对空间在绝对空间中运动框架，或者是对绝对空间的量度
莱布尼茨	哲学家、数学家	1646—1716	● 空间是事物并存的秩序，时间是事物接续的秩序 ● 空间和时间都是事物之间的联系，是纯粹相对的东西，不是独立存在的实体
康德	哲学家	1724—1804	● 空间和时间是人类感性的先天形式，一切来自外界的感觉 ● 空间是为外来观念的先天条件
黑格尔	哲学家	1770—1831	● 空间定义为"是外在于自身存在的无中介的漠然无别状态" ● 这种虚无的"无别状态"并不能赋予空间任何确凿可信意义
罗巴切夫斯基	数学家	1793—1856	● 创立了一种新的"非欧几里得几何学"即双曲几何学，被后人称为"罗巴切夫斯基几何" ● 反映的是广大宇宙空间特性
黎曼	数学家	1826—1866	● 创立椭圆几何学，被称为"黎曼几何" ● 反映的是非固态物质空间
爱因斯坦	物理学家	1879—1955	● 空间与时间之间是相对的 ● 空间与时间的性质依赖于物质 ● 空间是物的关系的集合

1.2.2 虚空与实体设计

空间就是容积，它是由实体与虚体空间相对存在着的。人们对空间的感受是借助实体而得到的。人们常用围合或分隔的方法取得自己所需要的空间。空间的封闭和开敞是相对的。各种不同形式的空间，可以使人产生不同的环境心理感受。

空间的实体，意味着空间满足人的意图，或者说有目的性。目的性对空间论来说，那就是首先确定外围边框并向内侧去整合秩序。而空间的虚体，是指空间是自然发生的，是无计划性的。无计划性，对空间论来说，那就是从内侧向外增加扩散性。因而前者具有收敛性，后者具有扩散性。对建筑师来说，应当预计到在什么地方设置大致的界限，这在外部空间形成上成为重要课题。宏观地考虑它的范围，就成了城市规划、地区规划；对建筑的室内虚空进行限定，对功能空间的细化，提高空间使用质量则是室内设计师的重要任务。人们对空间的感受是借助实体而得到的。

观察身边的空间，以建筑和产品为例：建筑外形是实体，室内是虚空；对于产品，情况较为多样，完全封闭内部的产品，如电视机，只有实体空间，内部虚空不可再利用；而餐具、电冰箱等，漂亮的外观是实体空间，实用的内部是虚空。关于虚体形态，可以从以下的操作图解中得到验证：通常情况下，实体外形决定虚空形态（图1-5），室内虚空形态是由外部边界和外壳所限定生成的。但也有例外，如纸箱内包装泡沫材料的内部形态不一定与产品实体形态完全一致，是仅与该产

建筑实体与室内虚空	建筑实体与室内虚空

图1-5　建筑外形和对应的室内虚空图解（供稿：魏仕汉/指导：Elisa Renouard）

品实体形态有些相似的虚空形态。如图1-6所示，通过图解"求出"虚体形态：步骤1，选择适宜的一个产品包装泡沫材料，体量不宜太大，凹凸结构和形态有一定的复杂度。步骤2，测绘包装箱外形，将两片包装泡沫材料轴测图按照原位置放置；步骤3，分别按照同角度绘制两片泡沫实物的轴测图；步骤4，组合轴测图，可以"求出"虚体形态，将虚体形态轮廓确定，得到一个我们意想不到的不规则空间形态。

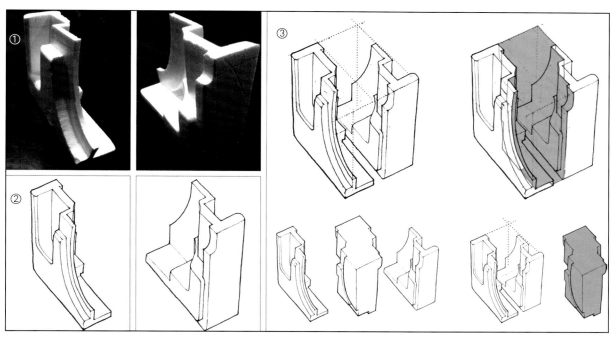

图1-6 实体与虚空认知操作图解：①选择适宜的一个产品包装泡沫材料，体量不宜太大，凹凸结构和形态有一定的复杂度；②分别绘制两片实物的轴测图，组合两片包装泡沫材料轴测图；③"求出"虚体形态。（供稿：魏仕汉/指导：Elisa Renouard）

空间的"虚空"与"实体"是相对的。各种不同形式的空间，可以使人产生不同的环境心理感受。空间的虚实尺度对形象空间的表达不只是形式，而是设计的精神之所在。宋人范晞文在《对床夜语》中说："不以虚为虚，而以实为虚，化景物为情思，从首至尾，自然如行云流水，此其难也。"化景物为情思，这是对空间艺术中虚实结合的最佳诠释。以虚为虚就是完全的虚无，以实为实空间就显得呆板；唯有以实为虚、化实为虚，空间就会有无穷的意味、悠远的境界。空间的虚实尺度对形象空间的表达不只是形式，而是形式和内容的统一，形式中每一个点、线、面、色、形、韵都表现着内容的意义、情感、价值。

1.2.3 限定与形态

"虚空"与"实体"关系随着限定方式的不同而改变。不同的限定形式（天覆、地载、围合），限定条件（形态、体势、数量和大小），限定程度（显露、通透、实在）表达了不同的意味（表1-4）。

（1）设立。在重要空间节点中，一般采取设置单向或者多向的独立构筑物：如广场中心设置的纪念碑、标志性构筑物等。室内空间中则采取设置相对突出的体量和高度的围合物体和独立家具等，形成视觉中心。

表1-4 基于空间限定方式的空间形态构成

原理	图示	室内设计案例	
设立			
围合	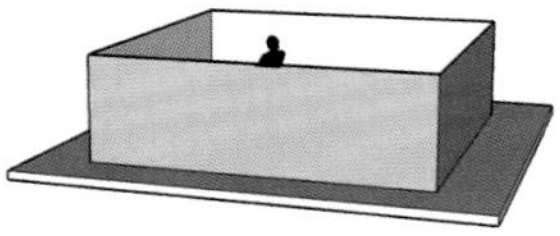		
覆盖	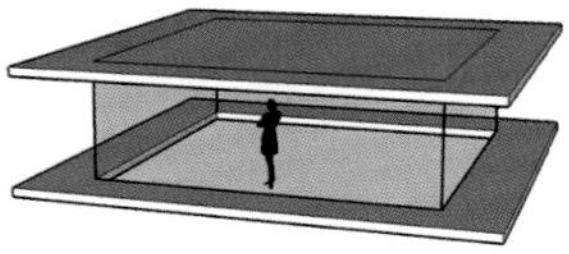		
下沉	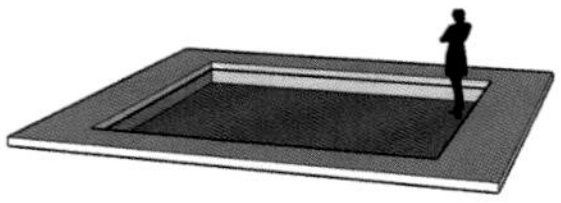		
凸起			
悬架	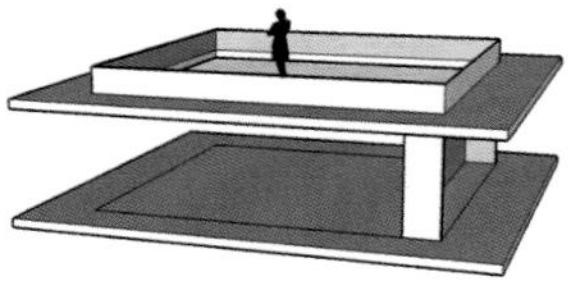		
面变			

（2）围合。常见有建筑空间的墙体围合。室内中用隔断、隔墙等限定元素进行围合是常见且典型的设计手法，还可以通过其在质感、透明度、高低、疏密等形式的变化进行表现，其空间限定度高。

（3）覆盖。室内中一般采取在上面悬吊或在下面支撑限定元素的办法来限定空间。覆盖方法常用于高大的室内空间中，作为限定人们活动场所之要素，它与地面的距离反映了空间对人的亲切程度，其空间限定度较低。

（4）下沉。下沉使该领域低于周围的空间，在空间中营造一种静谧的气氛，往往起到了一种居高临下和限制人们活动功能的视觉效果。同时应注意其在地面所形成的高地差变化的因素，其空间限定度高。

（5）凸起。采用凸起的方式在空间的形式上往往有典型的强调、突出和展示的功能作用，有时为了在空间中限制人们活动，也可选用高处周围地面的凸起形式表现，其空间限定度高。

（6）悬架。较高大的室内公共空间中，增设夹层或局部空间设置连接地顶的构架，吊杆悬吊、构件悬挑或由梁柱架起，有助于丰富空间效果，其空间限定的形式意义较强。

（7）面变。空间的表皮肌理、色彩、形状、照明等的变化，也常常能限定空间。这些限定元素主要通过人的意识而发挥作用，其空间限定度较低，属于一种抽象限定。

1.3　比例与尺度

比例是关于形式或空间中的各种尺寸之间的一套秩序化的数学关系，而尺度则是指我们如何观察和判断一个物体与其他物体相比而言的大小。在本节中，我们重点讨论空间尺度、维度与体量，以及基于尺度变化的设计方法。

1.3.1　比例

1. 比例

比例是指数量之间的对比关系，或指一种事物在整体中所占的分量，还是技术制图中的一般规定术语，是指图中图形与其实物相应要素的线性尺寸之比。在数学中，比例是一个总体中各个部分的数量占总体数量的比重，用于反映总体的构成或者结构。两种相关联的量，一种量变化，另一种量也随着变化。

2. 关于比例的理论

关于比例的理论，有：黄金分割、古典柱式、文艺复兴理论、模度尺、间、人体比例、尺度。一切关于比例的理论都致力于在视觉结构的各要素中，建立秩序感与和谐感。

3. 比值

依据欧几里得理论，比值是指两个相似事物的数量比，而比例则是指比值的相等关系。任何比例系统中都包含着一个有特征的比值，这是一个永恒的特征，从一个比值传到另一个比值，这样，一个比例系统就在建筑物的局部之间以及局部与整体之间，建立起一套具有连贯性质的视觉关系。比例的真正价值即无论运用任何比例系统，都可以赋予建筑物各个部分以良好的关系，即使不那么明显，也仍然可以满足视觉需求（表1-5）。

表1-5 古典教堂建筑立面、结构、比例分析 （供稿：魏仕汉／指导：Elisa Renouard）

建筑分析		Sta. Maria Novella.	Il Gesu.
建 筑	S M Novella.与Il Gesu.立面图解： ● 立面形态 ● 比例关系	建筑师：Leon Battista Aiberti 建筑地点：Florence, Italy 建筑年代：1458—1470	建筑师：Giacomo della Porta 建筑地点：Rome, Italy 建筑年代：1575—1584
立面关联	Il Gesu.的设计明显受到 Novella.的影响，立面形态有着相似的基本构成和布局。Il Gesu.强调了一个方向，把视线聚焦于中心轴线及其垂直上升		
比例比值	S M Novella.与Il Gesu.立面结构，按照相关联的区域比例建构，如1：1、1：2、1：3、2：3等。Il Gesu.同样可以找到相似的比例、比值、模数关系		
形态布局	立面外形和结构布局： ● 中心线，对称布局 ● "山墙"、卷花、框架线脚、上部中心开窗、3个门洞 ● 由下向上的三角，升腾上升的趋势		
节奏韵律	● 数字比例作为美的源泉的永恒性和普遍有效性 ● 高度等于它的宽度，整个建筑可以被画在一个正方形中 ● 三角形、圆形、矩形渐变节奏感		

1.3.2 尺度

尺度是用于决定尺寸和量度的固定比例。尺寸是物体或空间的实际大小，可通过具体数值加以定量；而尺度是相对的尺寸，是一个物体对另一个物体的相对尺寸。一组建筑群、一个单体建筑、一个室内空间、一些行为主体——人，这些物体相互之间都涵盖着丰富的尺度，揭示出一种井然有序的层次关系。通常，我们不善于感知空间的尺寸，但在进行比较的情况下，我们能很好地感知空间尺度。面对一个室内空间，很少有人能够准确说出空间的长度、宽度、高度，或者是家具的规格与尺寸，但几乎所有的人都能分辨出门与窗孰高孰低，孰大孰小。

空间的尺度一般是指开展研究所采用的空间大小的量度。比如建筑所形成的空间为人所用，建筑内的器物为人所用，因而人体各部位的尺寸及其各类行为活动所需的空间尺寸，是决定建筑开间、进深、层高、器物大小的最基本的尺度。诸如人体的平均高度、宽度、蹲高、坐高、弯腰、举手、携带行李、牵带小孩以至于残疾人拄手拐、坐轮椅所需的活动空间尺寸等，这些重要的基本的尺寸数据就是空间尺度的一方面。

1.3.3 尺度系统

1. 尺度系统

空间尺度并不仅限于一组关系，它是一个错综复杂的系统。这个系统包含部分与整体、部分与部分之间的对应、物体与人体尺寸的对应、常规尺寸与特殊尺寸的对应关系。比如，室内常规的构件都有一个相对标准的尺寸，如果实际呈现的尺寸与常规尺寸偏离很多，或大得多，或小得多，这种夸张的尺度会带来出其不意的视觉效果，表达某种深层次的寓意。例如，中国古代宅第建筑中非常强调大门的门第气势。大门普遍采用"形象放大"的定式作法，把大门尺寸扩大到充满整个开间，大大扩展门的形象（图1-7）。

2. 尺度的感受

尺度的感受是指尺度在人感观的反映，但是它可能最后反映出来的形式并不仅仅是感观上的，因为在这其中结合了人理性的思考和感性的心理直接感觉，以及个体对它的判断与解读。尺度给人的感受是不一样的，长、短、大、小，这是它给人的印象，但是这其中隐藏着很多无法捕捉的东西，因为它跟人的感觉有关。感觉本身就是一个抽象的概念，每个人的经历不一样，对事物的认知也就不一样，这都会导致他对事物的感知形成独有的特点，可以说是因为它跟感觉联系在一起导致了它的魔法性，从而最终形成了它在人心里的感受。

3. 改变尺度

改变尺度是形态转换设计的有效方法。

（1）尺度关系的局部特征变化。对待同一隔断、家具、物件的尺度细节特征强调与弱化处理。如一把极普通的餐厅椅子，如果将椅子背靠适当加高，仅仅表现出风格差异，而将背靠加高至离奇高度，犹如一个空间隔断的高度，这就不是简简单单的椅子了，而是一个多功能椅子隔断。

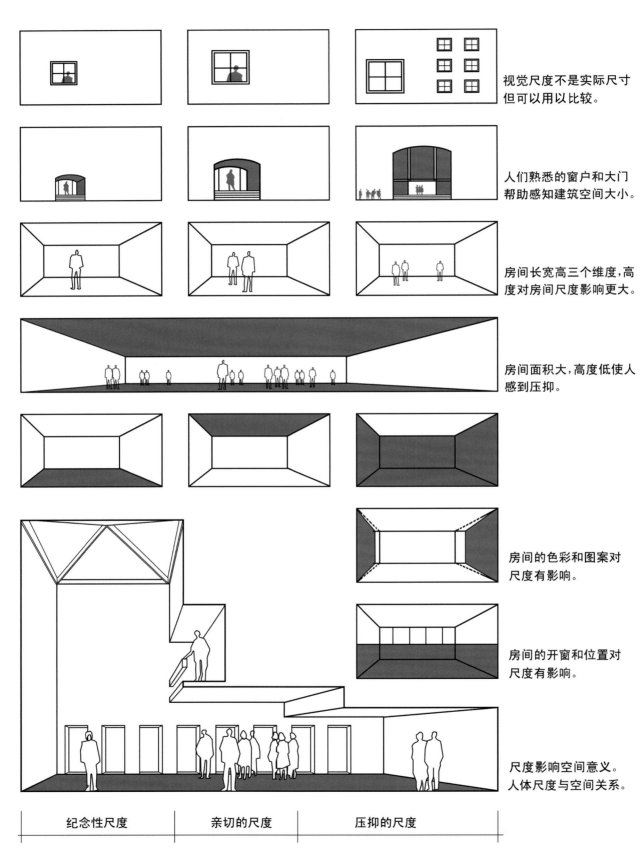

视觉尺度不是实际尺寸但可以用以比较。

人们熟悉的窗户和大门帮助感知建筑空间大小。

房间长宽高三个维度,高度对房间尺度影响更大。

房间面积大,高度低使人感到压抑。

房间的色彩和图案对尺度有影响。

房间的开窗和位置对尺度有影响。

尺度影响空间意义。人体尺度与空间关系。

| 纪念性尺度 | 亲切的尺度 | 压抑的尺度 |

图1-7　人与建筑尺度的关系图解

（2）尺度的位置变化。室内隔断的开洞设计，在常规开洞位置视平面上下挪位，形成不同空间属性：下移开洞直至地面开洞，适合活泼好动的少儿嬉戏空间需求，空间形态别致新颖；而上移开洞，更适合既需要相对私密，又要开敞与联系的办公空间设计。

（3）尺度的变量变化。镂空的室内隔断，随着开孔大小和疏密变化，冲小孔可以成为有吸音功能的材质肌理；大小洞结合，可以形成装饰图案；开大洞成为联系不同功能空间的透窗。卧室的大床，架起顶帐，形成复合空间，如果扩大顶帐，会形成更浪漫、更有趣的屋中屋。

（4）标准与非标准尺寸并存。家具的标准尺寸，是指习惯与通常尺寸，如椅子背靠高度、隔断、门高等通常尺寸是有标准约定的。标准尺寸家具设施表现出有序、纯净的空间语言特征；而非标准尺寸的家具设施，形态非常规，显示出空间的活泼与生动。标准与非标准尺寸并存，生成异样的尺度关系和空间关系（图1-8）。

尺度和维度的局部特征变化	
尺度和维度的位置变化	
尺度和维度的变量变化	
规则与非规则尺度并存	

图1-8 变化家具尺度和比例关系，生成新的形态（设计：岑静，姚峰，刘晓惠，张龙祥/指导：卫东风）

习题和作业

1. 理论思考

（1）简述虚空与实体特点。

（2）简述空间限定要素和手法。

（3）请举例简述空间感知特点。

（4）请举例简述空间尺度特点。

2. 实训操作课题

实训课题1

课题名称	二维平面中的建筑空间透视表现
实训目的	空间理论认知，用剪刻纸等最简单的加工方法表现建筑空间的透视
操作要素	素材：选择透视渐变感较强的建筑走廊、楼梯照片 材料：A4复印纸。工具：剪刀、美工刀、铅笔、尺子、笔擦
操作步骤	● 步骤1：准备纸张，依据选择好的建筑走廊、楼梯照片绘制线描草图 ● 步骤2：选择沿门窗和结构处，挖切开投影和形态边线，留有部分连接，将纸片放置在深色桌面，掀开切纸部位，观察镂空处形态；比较和思考后续动作 ● 步骤3：挖切去投影形态和建筑门窗部位，保留部分切开部位，做折纸状，增加"灰面"和过渡，模拟半立体浮雕，丰富细节和空间构成 ● 步骤4：作业拍照，简单修图，在Word文件中附上原建筑照片，排版，上交电子稿
作业评价	● 构图和画面是否端正完整 ● 挖刻处是否有利于表现空间结构特征 ● 疏密关系、光影关系、层次是否巧妙丰富 ● 制作是否精细（图1-9）

实训课题2

课题名称	板片的空间生成
实训目的	空间理论认知，用刻纸片插接等最简单的加工方法表现面的空间生成
操作要素	材料：A4纸。工具：剪刀、美工刀、铅笔、尺子、笔擦
操作步骤	● 步骤1：准备纸张，设计绘制一个简单的插接结构线描草图 ● 步骤2：裁剪刻，制作出一个单元纸片。尝试初步插接，修改结构，确定最终形态 ● 步骤3：复制单元纸片。尝试插接纸片成形，每插接一片要拍照记录空间生成过程 ● 步骤4：作业拍照，简单修图，在Word文件中附上原建筑照片，排版，上交电子稿 ● 拓展1：由板片结构到生活中实体形态的空间关系练习，通过空间与形态结构、空间组织、空间透视感变化，观察不同操作对空间生成的影响（图1-11）。
作业评价	● 单元部件纸片是否设计合理 ● 部件纸片插接是否有利于表现空间结构特征 ● 空间结构关系、层次是否巧妙丰富 ● 制作是否精细 ● 是否找到与表现覆盖、凸起、凹入、悬架等的限定方式相类似的结构形态（图1-10）

3. 相关知识链接

（1）[美]程大锦．形式、空间和秩序[M]．刘丛红，译．天津：天津大学出版社，2008．限定要素是构成空间形态不可缺少的要素。它主要是针对一个空间六面体如何采用基本要素中的线、面要素来构成空间。

（2）詹和平．空间[M]．南京：东南大学出版社，2011．多义的空间概念、多学科的空间概念。

（3）[德]马克·安吉利尔．欧洲顶尖建筑学院基础实践教程[M]．祈心，等译．天津：天津大学出版社，2011．空间、规划、技术篇章：研究空间法则、空间集合、规划图解、动态空间等概念和作业图解。

4. 作业欣赏

示范性作业的欣赏、分析。鼓励学生在前人基础上进行大胆的改进和再创造，小组讨论并不断调整自己课前训练的或其他相关草图。

（1）作业1：《走廊空间——剪纸的空间生成》（设计制作：王景玉/指导：卫东风）

作业点评：通过剪纸的手法，研究空间形态景深变化和建构规律。作业对实体与虚空关系处理和概括较好（图1-9）。

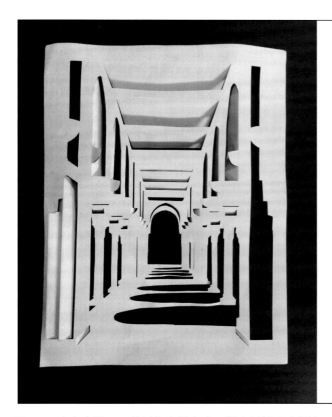

图1-9 走廊空间——剪纸的空间生成：将光影关系演绎为正负像的图底关系

（2）作业2：《板片的空间生成》（设计制作：徐朴/指导：卫东风）

作业点评：将规格统一的纸板进行一定有序的切割，尝试将纸板插接搭建，对理解空间生成和空间概念有一定的示范意义（图1-10）。

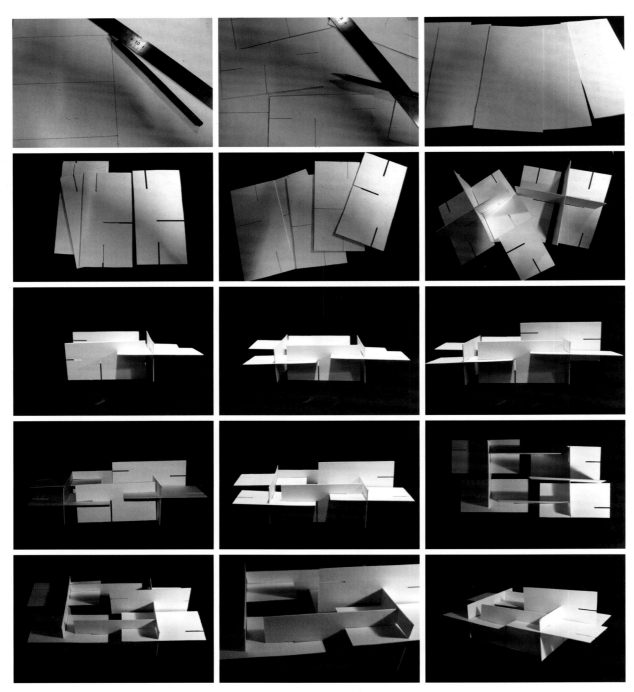

图1-10　板片的空间生成：规则单元部件的插接，生成围合和空间起伏

第2章　空间与形态要素设计

课前准备

请每位同学准备30根牙签，一支502胶水。用胶水黏结牙签，生成小空间结构。规定时间为20分钟。20分钟后，检查同学们的杆件空间形态，确定谁生成的空间结构与形态变化多。

要求与目标

要求：学生通过空间与形态要素认知，领会概念，学会分析和拆解复杂的空间现象。

目标：培养学生的专业认知能力，观察与思考空间与形态要素特点，为空间课程和空间设计学习打好基础。

教学框架

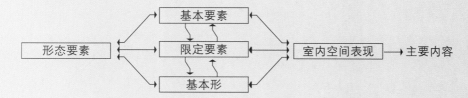

本章引言

我们所看到的任何物体都有其形态，这些形态都是由不同层次的要素组成的，这些构成要素有着某些一般性规律。本章中，我们重点讨论形态要素概念、室内空间中点线面体要素、室内空间分割与限定要素以及其他影响空间形态的综合要素。

2.1 基本要素与室内空间

形态要素可分为物质要素和非物质要素。以室内空间为例，物质要素包括墙体、顶地、门窗、隔断、家具、陈设等。非物质要素是指以上物质要素的组织方式和构成规律。在本节中，我们重点讨论形态要素的层次和关系。

2.1.1 空间与形态要素

1. 空间与"形态"

"形"通常指物体外在的形状。"态"则是物体蕴涵的"神态"。按照中国汉字的构词法可知，"态"字有"心"字作底，意指人对某一事物的心理反应状况。时至今日，人们对空间的概念不仅仅局限在三维空间当中，而是把人的意识形态也作为了空间的延续。因此，形态就是物体"外形"与"神态"的结合。在中国古代便有"内心之动，形状于外"，"形者神之质，神者形之用"等论述，指出了形与神之间相辅相成的关系。形离不开神的补充，神离不开形的阐释；无形而神则失，无神而形则晦，形与神之间不可分割。只有将形与神二者结合在一起，才能构成对事物完整而科学的认知。

2. 形态要素

任何形态都是由要素组成的，人们通过对形态要素的不断探索，发现形态要素作为基本的造型要素，可以分为"基本要素"、"限定要素"、"基本形"三个层次。三者之间的关系是，基本要素是限定要素和基本形的前提和基础，限定要素是在基本要素的基础上发展而来，是构成形态不可或缺的要素。基本形也离不开基本要素，由于任何复杂的形态都可以分解为简单的基本形，所以也可以把它直接作为基本单元来构成形态（图2-1）。

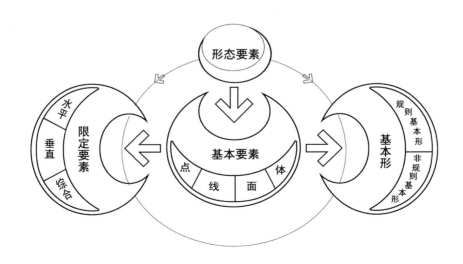

图2-1 形态要素关系图解

2.1.2 基本要素的空间构成

基本要素是由抽象化的点、线、面、体所组成，通常又把他们称之为"概念要素"。点是任何"形"的原生要素，一连串的点可以延伸为线，由线可以展开为面，而面又可以聚成为体。

1. 点要素

点，是在空间位置上相对的最小的体量。在不同的空间位置中，点是相对的，一个独立的体量处在大于自己的空间位置中是点，处于小于自己的空间位置中就形成面。点，有各种各样的形象，若用抽象几何归纳，有近似圆、方、三角、矩形的点，还有不规则形象的点（图2-2）。

2. 线要素

线，是在空间位置上相对的最窄的体量。线条本身具有非常丰富的形态个性，不同的直线、弧线、任意曲线等线形，在空间位置中以相对大的面积为依托，形成刚直、挺拔、饱满、自由等特征，并与背景面积的大小比例反映出粗细特征，在空间多维关系上反映出立体形态的个性特征（图2-3至图2-5）。

图2-2 点要素的空间生成：单元圆片的插接操作图解（设计制作：许敏霞／指导：卫东风）

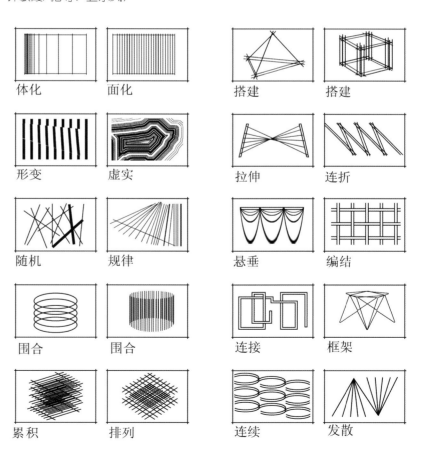

图2-3 线要素的构成与变化特征：体化、面化、形变、虚实、悬垂、编结、搭建、累积

21

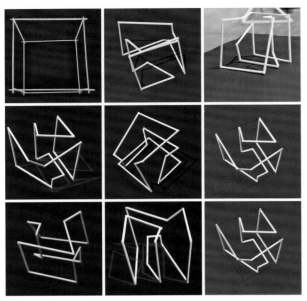
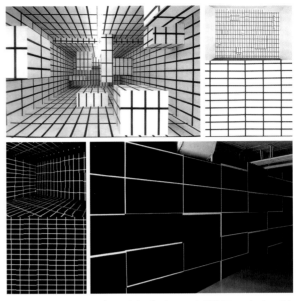

图2-4　限定于立方体空间中延展的线，连续折转生成多面体空间（设计：汤秋艳/指导：卫东风）

图2-5　线要素的室内空间构成：通过线距、方向、疏密表现空间深度、起伏、转折、差异、界面、区域感

3. 面要素

面，有长度和宽度，但没有深度，所以，面是二维的。面，是在空间位置上占有的一定的面积。当一个体的深度较浅时，也可以把它看成是面，因此，面也可以是三维的，具有相对性。面的形状有直面和曲面两种。面是一个关键的基本要素，它可以看成是轨迹线的展开、围合图的界面。形态中的各种面要素除实面以外，由于视觉上的感受不同，又会形成虚面、线化的面和体化的面（图2-6）。

4. 体要素

一个面沿着非自身方向延伸就变成了体。从概念上讲，一个体具有三个量度：长度、宽度和深度。在形态构成中，体可以看成是点的角点、线的边界、面的界面共同组成的。形态中的各种体要素除实体、虚体以外，由于视觉上的感受不同，又会形成点化体、线化的体和面化的体（图2-7）。

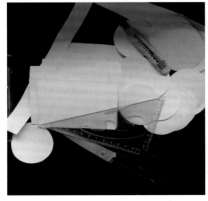

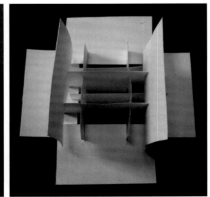

图2-6　面要素通过插接生成空间（设计制作：许敏霞/指导：卫东风）

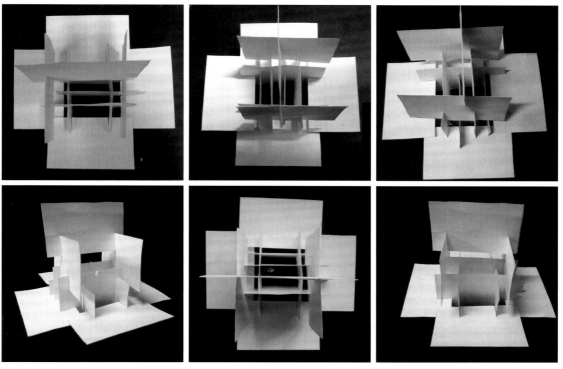

图2-6　面要素通过插接生成空间（设计制作：许敏霞/指导：卫东风）（续）

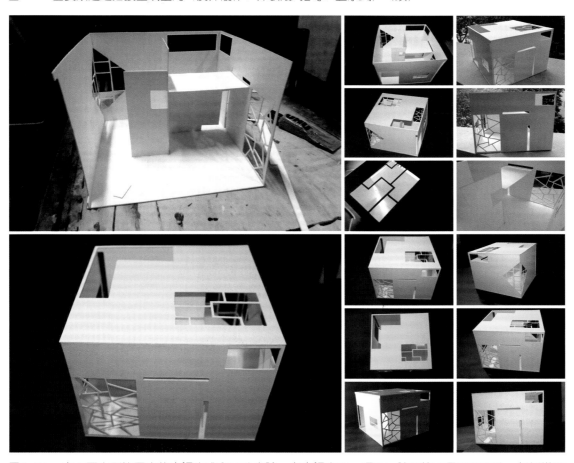

图2-7A　由面要素到体要素的空间生成和开孔实验：在空间立面、顶面、跨角等不同界面开孔，包括横开孔、竖开孔、偏移开孔、高低开孔，以及条孔、圆孔、网格等，对空间围合度、空间质量与形态都有很大影响（设计制作：王克明/指导：卫东风）

图2-7B　由面要素到体要素的空间生成和开孔实验：在空间立面、顶面、跨角等不同界面开孔，包括横开孔、竖开孔、偏移开孔、高低开孔，以及条孔、圆孔、网格等，对空间围合度、空间质量与形态都有很大影响（设计制作：王克明／指导：卫东风）（续）

2.1.3　室内空间中基本要素的表现

1.室内空间点要素表现

点是室内空间构成中最基本的元素，具有向心性和醒目性，空间中点的体积有大有小，形状多样，可排列成线，放射成面或堆积成体。某住宅空间设计中以点状"心"形作为统一所有空间的要素，大小不一的"心"形吊顶还划分出了每个不同的功能空间，客厅、餐厅、公共区域都有了清晰的边界，形成了明确的区域范围。空间的细节设计当中也使用到"心"形要素，所有家具的设计都直接或间接地体现出了这个主题，使所有空间相互关联在一起，显得更加紧凑。客厅的设计以轻盈的茶几和小巧的坐凳为重心，利用家具趣味性的形式、多变性的组合方式和方便移动的特点充分弥补了空间利用上的不足。"心"型的吧台凳和简洁的方形吧台相组合，使整个家具空间更具时尚感，同时增加了家具的美感（图2-8至图2-12）。

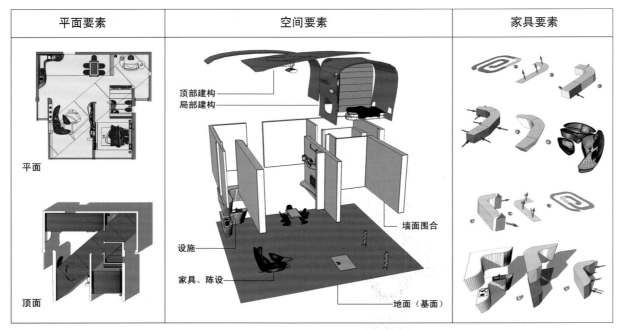

图2-8　室内空间中平面及区域关系、墙体爆破图解、家具要素图解。相对于整体空间，家具是其中的点要素（设计：罗中林／指导：卫东风）

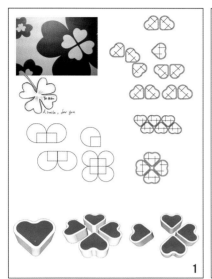
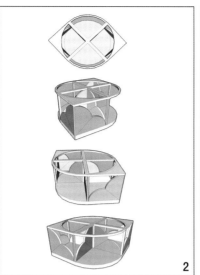

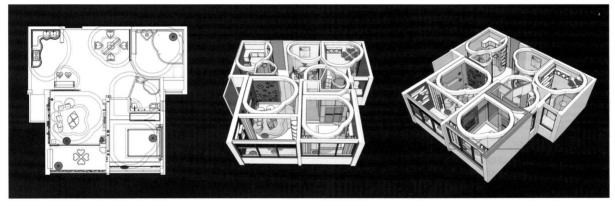

图2-9 由"鸡心形"点要素为概念生成的室内空间创意表现：点状局部空间、家具组合、家具要素等三个"点要素"层次（设计：闫子卿/指导：卫东风）

图2-10 以家具为点要素空间表现，圈座为一个个单元圆点的线性并列布局

图2-11 以家具为点要素空间表现，方桌为点的线性并列布局

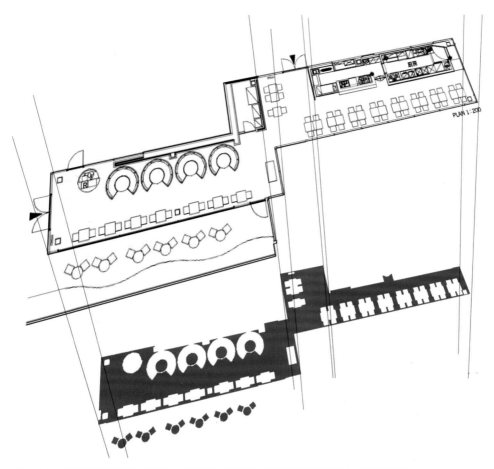

图2-12　平面布局和图底关系：从图底关系图中可以清晰地表现点的连续形态

2. 室内空间线要素表现

实线、虚线、色彩线、光影线、轮廓线等形态，各种线的加减、断续、粗细、疏密等不同方式的排列组合，是建立秩序感的手段。室内结构主要通过线来表现，直线和曲线的结构体系具有轻巧灵动的力感，结构的美感在很大程度上是线构成的美。线型构件的力量、节奏的组合，使室内空间产生了很强的感染力。在尺度较小的情况下，线能够清楚地表明面的边界和体量的各表面。结构构件、饰面拼缝、装饰线脚、立面网格图案等处理手法可以产生丰富的视觉空间层次，形成了错位的复杂空间渗透、流动，方向被同化、被融合；以致浑然一体（图2-13至图2-16）。

3. 室内空间面要素表现

面是片状的形体，是构成形体空间的基本要素，有形状、色彩、大小、高低、质感、方向、位置等属性。面的这些属性与其数量、组合方式的差异，可以构成不同形态的内部和外部空间。室内空间中，顶面、地面、墙面的不同处理，可以限定不同形式、不同开敞程度和不同感觉的空间。面的围合是构成体量最重要的手法。面有平面、折面、曲面等基本类型，平面具有机械性的庄严感，带有方向性，曲面则富有运动性和变化性。

图2-13　长直的水平线条带来建筑的舒展感，更具有力感、动势和方向感

图2-14　灯具的斜线和折叠动态，与水平线墙面形成反差和互补

图2-15　以发光条带呈现线要素的室内空间，灯带成为联系空间关系和空间导向的要素

图2-16　发光灯带的穿插构成，表现了空间风格和个性

4.室内空间体要素表现

体有尺度、比例、量感、凹凸和虚实感等几方面的特点，体的造型具有显示建筑的整体轮廓和气势的作用。建筑中的面限定着体量与空间的三度容量。每个面的特征，如尺寸、形状、色彩、质感，还有面与面之间的空间关系，最终决定了这个面限定的形式所具有的视觉特征，以及这些面所围合体的空间质量（图2-17至图2-20）。

图2-17　由大小面、实体面、开孔面，以及面的"悬浮挂构"对地面空间限定，生成语言纯净面要素空间

图2-18　将简单的体面进行方向的对比与变化，在有序的整体环境中，保持适度的多样性

图2-19　地顶墙材质统一，面面相关搭接，构成语言纯净、简约而富于变化的空间

图2-20　地顶墙和家具多以秩序化矩形构成多样化面要素空间

2.2　限定要素与室内空间

限定要素是构成空间形态不可或缺的要素。具体说，它主要是针对一个空间六面体，如何采用基本要素中的线、面要素来构成空间。在本节中，我们重点讨论水平限定、垂直限定和综合限定及其在室内空间中的表现。

2.2.1 隔墙与隔断限定

1. 围合限定

隔墙围合与隔断围合是一种基本的室内空间分隔方式和限定方式。室内围合与分隔的要素是相同的，围合要素本身可能就是分隔要素，或分隔要素组合在一起形成围合的感觉。在这个时候，围合与分隔的界限就不那么明确了。如果一定要区分，那么对于被围起来的内部，即这个新的"子空间"来说就是"限定"了。在居住空间里，利用这些材料要素再围合成再限定，可以形成一些小区域并使空间有层次感即能满足使用要求，又能给人以精神上的享受（表2-1，图2-21、图2-22）。

表2-1　隔墙与隔断限定表现

限定手法	隔墙与隔断限定表现	限定程度强	限定程度弱
高低	● 高墙、高隔断对空间的限定程度强 ● 高隔断可以成为区域中的标志物和背景 ● 低矮隔断的空间与空间关联，连续性强		
长短	● 围合长度与限定长度成正比 ● 对空间围合边界越长，空间封闭度越高 ● 短小面积围合，空间开敞度高		
开口	● 围合空间是否开口及开口宽影响限定度 ● 开口小的空间，封闭性、私密性强 ● 开口大的空间，公共性、共享性强		
开口	● 空间开口有遮挡结构的，限定程度强 ● 空间开口由透明玻璃隔断，限定程度弱 ● 顶面悬挂围合，区域限定弱		
倾向	● 内弧包裹隔断的向心围合，限定程度强 ● 内弧包裹隔断的空间感强，利用率高 ● 外开弧形隔断的空间感弱，通道感强		

2. 隔断限定

通过构件对居住空间进行限定的方法组合后形成更丰富多样的空间。利用装饰构件、家具、灯具、帷幔以及绿化、花格等将室内空间进行限定，这些方法都是在原有的空间界面里通过构件来对居住空间进行限定。隔断讲究的是对空间的分割度，而影响空间分割度的主要因素有隔断的高度、隔断材料的通透性、隔断材料表面的折射率、隔断的面积、隔断的位置等。隔断的高度影响空间的延续性和人的视觉、心理感受。当隔断高度低于人的视线，处于1.3m以下时，空间只是被轻度区隔，但仍然维持着完整性，视线未受阻，能观看到任何区域。当隔断高于人的视线或通到顶时，空间由于被明确分割而丧失了完整性，视线部分受阻，促使了人的活动，在移动中体会空间布局（图2-23至图2-26）。

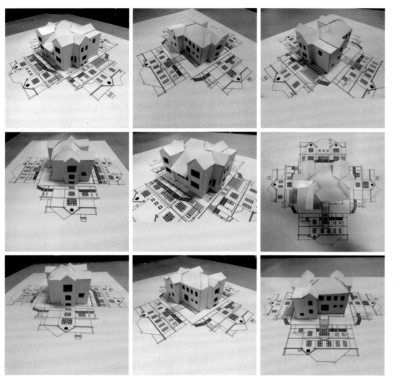

图2-21 研究围合限定关系的建筑立面图与空间模型图解作业（设计制作：严子誉／指导：卫东风）

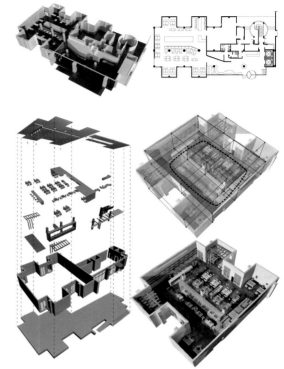

图2-22 表现室内空间围合、地顶墙限定关系的图解作业（设计：汤子馨／指导：卫东风）

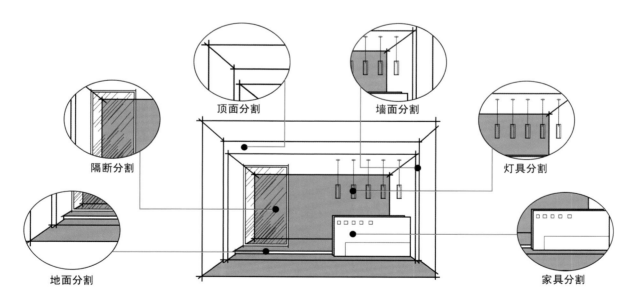

隔断分割

顶面分割

墙面分割

灯具分割

地面分割

家具分割

图2-23 室内空间分割，地面：地材与高低分割；家具分割；灯具分割；隔断分割；顶面材质与高低分割

图2-24　材质肌理和形态要素是影响隔断对空间分割程度的重要因素

图2-25　虚与实、隔与透之间，融入了平面构成对于美感方面的探索

图2-26　隔断的高度影响空间的延续性和人的视觉、心理感受

2.2.2　顶面与地面限定

1. 地面下凹与抬起

（1）下凹。对于在地面上运用下凹的手法限定来说，效果与低的围合相似，受周围的干扰也较小。因为室内地面本身就不太引人注目，不会有众目睽睽之感，特别是在公共空间中人在下凹的

空间中心理上会比较自如和放松。有些家庭起居室中也常把一部分地面降低，沿周边布置沙发，使家的亲切感更强。

（2）抬起。抬起与下凹相反，可使这一区域更加引人注目，小面积抬起，凸显抬起区域受到关注，如"主席台"、"舞台"等局部抬起，成为区域中心和重点。

（3）表皮。如果只是地面局部或者表皮凹凸，则被看成是空间表皮肌理变化。如地面减速提示带、地面导向标志。

2. 顶面限定对于空间的影响比地面更为显著

（1）吊挂。通过吊挂软帘、珠饰、条格，围合功能空间，形成区域限定。

（2）覆盖。通过对局部区域吊顶，生成局部空间覆盖效果，形成区域限定。

（3）灯具。通过点光源、线式条带光源，形成区域限定。

顶的处理将有助于室内各区域之间的合理区分与统一。同时，由于顶与建筑和室内结构关系密切，又是灯具和各通风管道依附的地方，因而在处理手法上显得更为复杂和多样。空间高度的变化影响着人们的空间体验和视觉、心理感受。吊顶汇聚了目光，会更加突出空间的中心地位（图2-27至图2-30）。

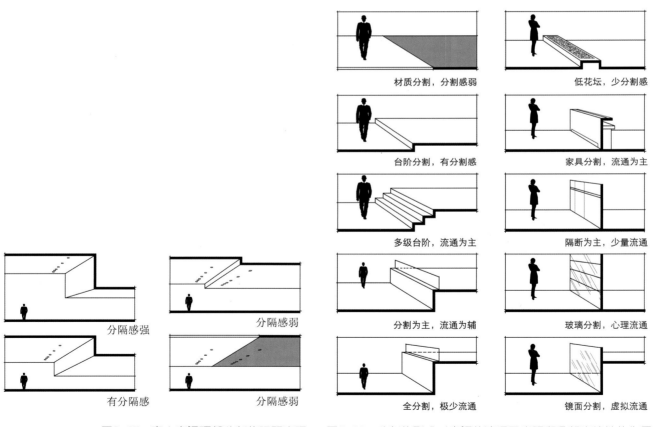

图2-27　室内空间顶部分割的强弱表现　图2-28　分割的形成对空间的流通及直观印象起直接性的作用

图2-29　顶面作为空间限定重要方面，对于空间的影响比地面更为显著

图2-30　将家具设置于地面限定区域，空间结构紧凑，视觉效果强烈

2.2.3　家具与陈设限定

1. 家具与陈设

在室内空间环境中，家具和陈设往往被视为一种空间关系的构成成分，它有着特定的空间含义。家具作为室内空间的主要陈设物，渗透于现代生活的各个方面，在室内环境中扮演着重要的角色。它不仅具有坐、卧、储藏等实用性功能，还是体现室内氛围和艺术效果的重要物品。特定的家具和陈设满足人们的使用和审美需求，出现在特定的环境中。它的色彩、材质、形态和尺度直接影响人们对空间的使用评价和心理感受，间接影响空间的分割和布局情况。

2. 陈设限定

陈设种类很多，对于空间会产生不同的限定效果。透空的高柜、矮柜、书架等是常见的参与空间分割的手段，类似中国传统的博古架。在它既带有功能性，又能作为半开放式的隔断，使被分割的空间相互渗透。又如象征性分割的屏风或纤维纺织品帷幔、布帘、玻璃、悬垂物、色彩、光线等，这种带有一定活动性的分割手段，既有装饰性，又能随时改变空间的开合度。还有一种分割叫弹性分割，如推拦门、升降帘幕和可移动的室内陈设等，这种分割形式灵活性强、简单实用。而且滑动门可以在特定的空间里为居室增添时尚感和活力，令空间与空间之间相互连接又各自独立，使空间的分割成为一门优美的艺术。

3. 家具限定

桌椅、沙发等家具因其体量和形态往往在空间中占据重要的位置。它们向人们暗示了此区域的活动内容，无形中将各功能区域进行分割。家具对人们的行为流线有一定的引导性，其在空间中所处的部位影响空间布局和分割状况（表2-2，图2-31至图2-34）。一般来说，家具的位置有以下几种：周边式，家具沿四周墙布置，中部空间满足不同的活动需求；中心式，家具被设置在中心，形成了对周围空间的支配，活动流线绕其四周；单边式，家具被集中在一侧，使用区和交通区分开；走道式，家具被置于空间两侧，中间留出交通区。

表2-2　家具布置和空间限定表

分　类	方　法	家具布置	空间限定
以空间位置分类	网格	紧密型布置。功能性、实用性强。餐厅中的常见布置	区域满铺限定
	线式	沿室内空间的走道、交通流线布置座位和餐桌等	条块区域限定
	组团	体现空间聚集特点。有区域性聚集和功能性聚集	区域性聚集限定
	单边	小规模空间的柜台布置和座椅布置，或者是展柜布置	端头限定
	周边	小规模空间，沿墙围合布置展柜家具，留出中间空间	环绕限定
	岛式	小规模空间的柜台、展台设置，家具的空间位置突出	凸显中心区域
	走道	沿室内空间走道、交通流线布置座位和餐桌等	交通空间限定
	综合	变化丰富的紧密型布置，多种布置形式结合	综合及层次限定
以家具与家具关系位置分类	对称	对称布置，适用于需要成双成对或者成组使用的家具	均齐布局限定
	非对称	自由活泼布置家具，适用于室内氛围较轻松休闲环境	松散布局限定
	紧凑	高密度布置家具是普通餐厅中的常见做法	高密度集中限定
	分散	适用于大空间和开敞空间的多功能多区域布局	松散布局限定

图2-31　利用"挖筑"巧妙地将家具与墙体、顶面结合，形成独特的空间限定区域　　图2-32　将家具设施放置在空间边界处，既是限定区域，也是区域标志

图2-33 利用陈设布局限定空间界面。悬挂的展示柜设施空灵轻巧，富于变化

图2-34 陈设方法有对景、隐退、向偶、围合、并景和穿插

対景　隐退　向偶　围合　并景　穿插

2.3 基本形与室内空间

　　基本形是由基本要素构成的具有一定几何特征的形体。一般来说，形体越是单纯和规则，则越容易为人感知和识别。在形态构成中，常将规则基本形直接作为基本单元，用来构成更为复杂的形态。在本节中，我们重点讨论规则基本形和非规则基本形在室内空间构成中的变化。

2.3.1 规则基本形与室内空间

　　基本形是由基本要素构成的具有一定几何特征的形体。包括规则基本形和非规则基本形。

　　规则基本形包括球体基本形、锥体基本形、方体基本形。正四面体、正六面体、正八面体、正十二面体、正二十面体这五种正多面体，后人把这五种几何形体称为"柏拉图立体"。勒·柯布西耶认为"立方体、圆锥体、球体、圆柱体或者金字塔式拨锥体，都是伟大的基本形式，它们明确地反映了这些形状的优越性。"

　　球体基本形：球体是一个高度集中性、内向性的形体，在室内设计中，多用来塑造中心突出、集聚效果的空间场所；锥体基本形：利用轴线的对称或者偏移生成方向感强的放射性空间；方体基本形：功能性和实用性最强，大量存在于室内空间构成。规则基本形使得室内空间完整有序，最大的好处是节约空间，方便空间分割，便于结构处理和施工建造（图2-35至图2-39）。

图2-35 由圆形和规则曲面构成的餐厅空间形态

图2-36 由方形和直线构成的酒店走廊空间形态

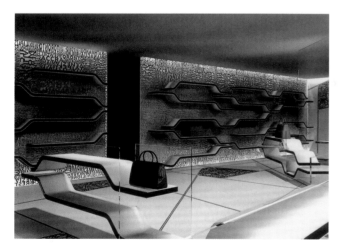

图2-37 由六边形演变的商业空间家具设计

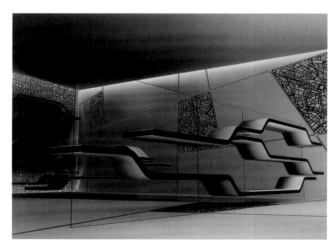

图2-38 由同一模数变化的陈列设施设计，富于韵律感和空间感

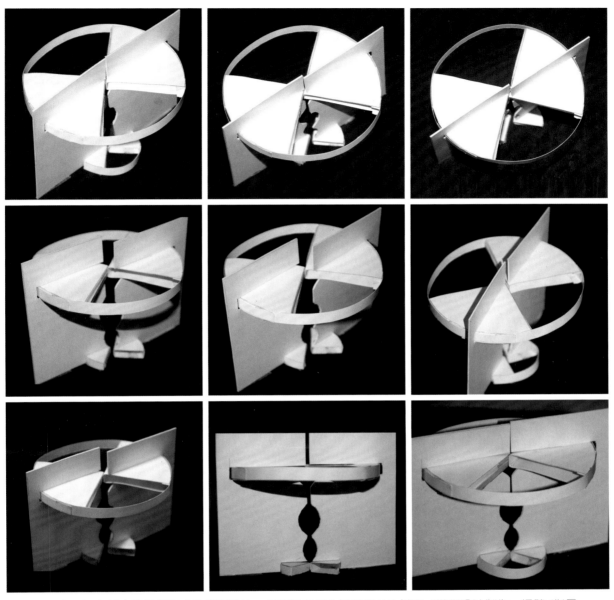

图2-39 由圆与方基本形组织构成的灯具设计，探索形态拓扑关系和共生关系（模型设计制作：杨健/指导：卫东风）

2.3.2 非规则基本形与室内空间

（1）非规则基本形包括规则基本形的变异、扭曲、解构、复杂、多向性面变等。非规则基本形是以一种"无序"的方法来组织各个局部与整体之间的关系，如不对称式构图、呈现动态的不稳定状态。

（2）非规则基本形被越来越多地运用于建筑和室内空间构成。近代解析几何、微分几何、拓扑几何、非欧几何直至现代的分形几何，每一种几何方法的出现都深深改变了人们对空间的理解。当代建筑师常常创新地运用几何学模式获得新的建筑形式，传统欧氏几何对建筑师的束缚不复存在。

（3）近些年来，室内设计开始寻找一种新的形式来取代传统的几何形体，不论是从观念上还是实践上开始逐步向软的空间形式过渡。曲面、流线、折叠、复杂等已经成为当代建筑和室内设计空间形态的代名词。当代建筑与室内正向着灵活多样、柔软多维的"软化"倾向发展（图2-40至图2-42）。

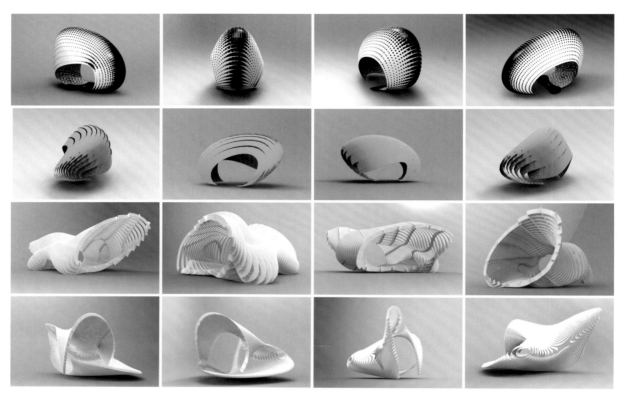

图2-40　参数化曲面的空间：复杂形态和表皮渐变（设计：吴芳，郑明跃/指导：卫东风）

图2-41　由非规则曲面构成的商业空间家具形态（设计：张成龙/指导：卫东风）

图2-42　由非规则曲面构成的商业"曲墙"形态（设计：张成龙/指导：卫东风）

习题和作业

1. 理论思考

（1）形态要素的三个层次分别是哪些？

（2）简述基本要素的空间构成特点。

（3）请举例简述家具与陈设限定特点和方法。

（4）请举例简述顶面与地面限定特点和方法。

2. 实训操作课题

实训课题1

课题名称	基本要素——线要素的空间构成
实训目的	通过空间与形态要素认知，领会概念，训练线要素的空间建构能力
操作要素	材料：A4纸。去材料城选购细长原木线条一根，截断，截面4mm×4mm大小左右 工具：剪刀、美工刀、铅笔、尺子、502胶水、牛皮筋
操作步骤	● 步骤1：绘制线描草图。分析与表现结构概念和空间初步形态的可能性 ● 步骤2：将截成统一长短的原木线条，用牛皮筋捆绑，尝试组合与搭接成形，观察变化中的结构与形态。比较搭接组合，思考后续动作 ● 步骤3：通过有规律的结构成形，如组成单元结构，单元与单元再组合，生成直线与弧线形态，尝试结构穿和插添加，丰富细节和空间构成。并用502胶水固定 ● 步骤4：作业过程拍照记录，要求对每一个搭接步骤进行记录，形成系列照片。并用Photoshop简单修图排版。在Word文件中插图并附100字说明，上交电子稿
作业评价	● 结构和画面是否完整 ● 线要素是否充分表现了空间与形态特征 ● 疏密关系、光影关系、层次是否巧妙丰富 ● 制作是否精细（图2-43）

实训课题2

课题名称	室内要素——墙体和家具的空间共生
实训目的	空间理论认知，用刻纸片插、接等最简单加工方法表现面的空间生成
操作要素	材料：卡纸板；工具：剪刀、美工刀、铅笔、尺子、笔擦
操作步骤	● 步骤1：设计绘制一个简单空间围合（地、墙关系），绘制家具草图 ● 步骤2：裁、剪、刻实验，尝试挖筑家具成形，注意正负形的有机连接。镂空部分为墙面或地面装饰形态，实体部分为家具形态 ● 步骤3：继续裁、剪、刻实验，需制作出一个连体空间——地面和墙面相联系且地面与墙面中均包含家具形态。尝试初步连接，修改结构，确定最终形态 ● 步骤4：作业拍照，简单修图，在Word文件中附上原建筑照片，排版，上交电子稿
作业评价	● 单元部件纸片家具正负形关系是否设计合理 ● 家具尺度和比例是否合理； ● 空间结构关系、层次是否巧妙丰富 ● 制作是否精细（图2-44）

3. 相关知识链接

（1）[美]程大锦. 形式、空间和秩序[M]. 刘丛红，译. 天津：天津大学出版社，2008. 限定要素是构成空间形态不可缺少的要素。它主要是针对一个空间六面体如何采用基本要素中的线、面要素来构成空间。

（2）[德]马克·安吉利尔. 欧洲顶尖建筑学院基础实践教程[M]. 祈心，等译. 天津：天津大学出版社，2011. 空间、规划、技术篇章：研究空间法则、空间集合、规划图解、动态空间等概念和作业图解。

4. 作业欣赏

（1）作业1：《基本要素——线要素的空间构成》（设计：王娜娜，岑静/指导：卫东风）

作业点评：将规格杆件以一个点和多点的发散、旋转、编织组织生成锥体形态，尝试空间的搭建变化。同时，对杆件的排列、疏密、偏角搭建，生成小建筑空间。方形与三角形结合，空间结构安排合理有序（图2-43）。

图2-43　杆件以一个点和多点的发散、旋转、编织组织生成锥体形态和小建筑空间

（2）作业2：《室内要素——墙体和家具的空间共生》（设计制作：徐朴，严子誉/指导：卫东风）

作业点评：研究室内空间基本布局，面与体、墙体与家具的空间形态关系和建构规律。通过挖筑、控切、折叠等手法生成立体空间（图2-44）。

图2-44 墙体和家具的空间共生——客厅场景的模型图解，表现规则形态布局和立面与家具构成（设计制作：徐朴／指导：卫东风）

第3章　空间与形态结构设计

课前准备

请每位同学准备用等长的吸管，粘合成方形杆件空间5个，对方形空间结构局部改造，拆掉部分边，重新组织粘合生成新的复合结构。规定时间为20分钟。20分钟后，检查同学们的空间与形态结构，确定谁的结构变化最多。

要求与目标

要求：学生从基本的空间与形态结构概念学习，认识和发现室内空间与形态建构规律。

目标：培养学生的专业认知能力，观察与思考室内空间的结构特点，在实践中主动通过结构设计去完成空间创新设计。

教学框架

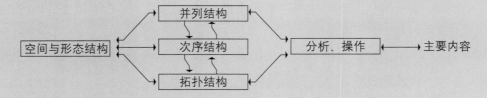

本章引言

结构是空间建构最具实质意义的内容，结构形式的造型、体量对空间形式有着最为直接的影响。室内结构是柱、墙、板的组合关系，可以确定空间，形成单元，可以利用空间组织规律来实现各种建构方式。本章的教学重点是使学生从了解空间与形态结构知识入手，学会在室内空间设计中应用操作技巧。

3.1　并列结构

　　建筑赋予空间以秩序，人类又通过空间形成秩序，而空间的基本形式是由中心和围合部分构成，其中，梁柱、地面、屋顶、墙壁为重要的组成部分。这就涉及结构的问题，因此，结构与秩序是室内空间中基本且至关重要的元素之一。在本节中，我们重点讨论并列结构及室内空间设计表现。

3.1.1　关于结构

1. 结构

　　结构即是一种观念形态，又是物质的一种运动状态。结是结合之义，构是构造之义。组成整体的各部分的搭配和安排。结构包括人体结构、植物结构、原子结构、语言结构、建筑结构、经济结构等。结构是一个由种种转换规律组成的体系。

2. 母结构

　　结构应该是可以公式化的，是指其可以直接用数理逻辑方程式表达出来，或者通过控制论模式作为中间阶段。"结构主义"的代表人物、瑞士心理学家皮亚杰在数学结构的研究中发现了三种数学"母结构"：代数结构——群结构，次序结构——网结构，拓扑性质结构——拓扑结构。

　　（1）群结构。是数学结构的基本原型，依据群的特性，空间构成中各要素之间的关系首先确立为一种排列组合关系，也即并列关系。

　　（2）网结构。在皮亚杰看来，通过"网"可以看到有研究关系的各种次序结构，网用"后于"和"先于"的关系把它的各成分联系起来。

　　（3）拓扑结构。是建立在邻接性、连续性和界限概念上的结构。拓扑学作为数学的一门分科，主要研究的是几何图形在一对一的双方连续变换下不变的性质。

3.1.2　连接与接触

1. 邻接关系

　　邻接关系是空间关系中最常见的形式。它让每个空间都能得到清楚的限定，并且以其自身的方式回应特殊的功能要求或象征意义。两个相邻空间之间在视觉和空间上的连续程度，取决于那个既将它们分开又把它们联系在一起的面的特点。属于这一类空间结构的有连接、接触、串联式、网格式等。

2. 连接

　　是指两个互为分离的空间单元，可以由第三个中介空间来连接。在这种彼此建立的空间关系中，中介空间的特征起到决定性的作用。中介空间在形状和尺寸上可以与它连续的两个空间单元相同或不同。当中介空间的形状和尺寸与它所连接的空间完全一致时，就构成了重复的空间系列；当中介空间的形状和尺寸小于它所连接的空间时，强调的是自身的联系作用；当中介空间的形状和尺寸大于它所连接的空间时，则成为整个空间体系的主体性空间（表3-1）。

表3-1 连接结构

方 式	方 法	平面关系	透视图示
隔断	● 两个单元空间之间由一个隔断空间连接 ● 每个单元空间的尺度、单体结构要基本一致 ● 可以是小单元空间隔断连接，或家具排列		
中介	● 两个空间依靠另外一个中介空间建立联系 ● 可以是交通连接、过渡空间连接 ● 空间连接形态和结构丰富		
交通	● 互为分离的空间单元由第三个中介空间连接 ● 第三个中介空间为主体空间或共享空间 ● 互为分离的空间单元有一定的私密性		
左右	● 互为分离的空间单元由第三个中介空间连接 ● 第三个中介空间为异形连接空间 ● 异形连接空间的形态随连接需要而伸缩扭转		

3. 接触

是指两个空间单元相遇并接触，但不重叠，接触后的空间之间的视觉和空间三的连续程度取决于接触处的性质。可以是边界与边界的接触，也可以是界面与界面的接触。如果是界面接触，空间的独立性强；一独立接触面设置于单一空间内时，空间的独立性减弱，两个空间隔而不断；如果仅仅通过两个空间之间高程的变化或表面材料和纹理的对比，也可以被视为单一空间的空间容积被分为两个相关的区域（表3-2，图3-1至图3-6）。

表3-2 接触结构

方 式	方 法	平面关系	透视图示	室内透视
开口	● 两个空间可以比邻或共享一条公共边 ● 两个不同形态和质量空间由开口接触 ● 接触面可以是室内设施分割			
隔断	● 两个空间可以比邻或共享一条公共边 ● 由隔断分割和接触，区域相对分割 ● 共享一个大屋顶，两个空间联系度高			
墙柱	● 由结构柱分割两个空间，共享大空间 ● 两个空间相互接触紧密 ● 空间与空间的渗透关系强烈			
拼合	● 两个空间直接拼合，但是有差别 ● 两个空间的地顶窗形态凹凸限定 ● 通过材质限定区分两个不同空间			

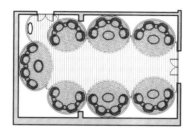

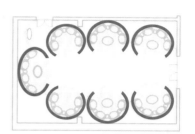

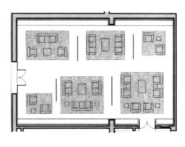

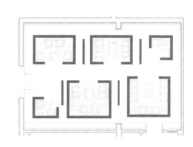

图3-1　中国国家大剧院接待室室内透视　　　图3-2　中国国家大剧院接待室的平面图邻接关系布局设计

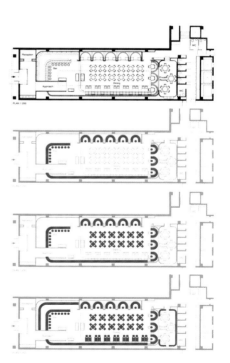

图3-3　大小空间通过开门、柱隔、隔断、家具表现空间连接方式和紧密程度

图3-4　侧翼包间与包间、大餐厅与包间空间、餐桌与餐桌并列的层次关系

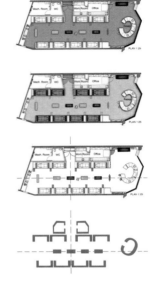

图3-5 连续包间分别于公共空间两侧，形成视觉对应变化

图3-6 通过对连续包间的图底关系观察，可以发现其中的轴线和串联关系

3.1.3 串联与放射

1. 串联

是指将一系列空间单元按照一定的方向排列相接，便构成一种串联式的空间系列。由串联组合的空间序列被称之为"串联式"、"线式"组合。对串联式组合而言，在功能方面或象征方面具有重要性的空间，可以沿着串联线序列，随时出现在任何一处，并且以尺寸和形式来表明它们的重要性。串联组合的形式本身具有可变性，容易适应场地的各种条件，可以沿其长度方向连接和组合其他形式，可以作为墙或屏障把其他形体隔离在另外一个不同的区域内（表3-3，图3-7至图3-11）。

表3-3 串联结构

方　式	方　法	平面关系	透视图示
串联	● 串联组合的空间序列被称为"串联式"、"线式" ● 由轴线、中心线"串联"。串联介质可以多变 ● 室内家具布局"串联式"、"线式"组合		
并列	● 单元体空间排列组合，交通线位于一侧 ● 单元体空间统一面向一侧，墙或屏障 ● 单元体家具设施排列"线式"组合		
轴线	● 由轴线控制空间布局和空间体量 ● 路径按照轴线伸展，串联单元空间体 ● 对称布局		
连接	● 由路径串联不同形态空间单元和功能空间 ● 具有均衡布局特征 ● 路径串联加强了空间的联系感和有机性		
穿过	● 由路径"穿过"不同空间，串联空间 ● 对待多元复杂空间形态的路径串接 ● 由室内空间设施串接不同空间区域		

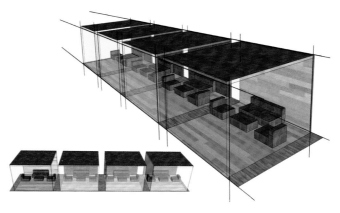

图3-7 串联式组合既可以在内部相互沟通进行串联来达到各个空间的流通，也可以采用单独的线型空间（如走廊、走道）来进行两者之间的联系

图3-8 采用连续式的空间单元，整体上具有统一感

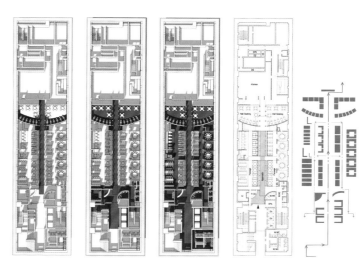

图3-9 单元体空间的串联、并列的会展空间设计，利用轻质图形软膜方盒悬于洽谈空间的上方，进行空间限定

图3-10 极具引导式的线型以及连续式的餐厅布局，有强烈的视觉导向性

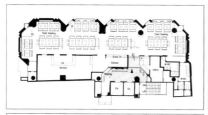

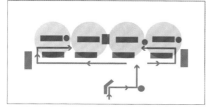

图3-11 在内部相互沟通进行串联餐厅布局，来达到空间整体的流通性和韵律感

2. 放射

　　放射是综合了集中式与串联式组合的要素。这类组合包含一个居于中心的主导空间，多个线式组合从这里呈放射状向外延伸。集中式组合是一个内向的图案，向内聚焦于中央空间，而放射式的组合则是外向型平面，向外伸展到其空间环境中。通过其线式的臂膀，放射式组合能向外伸展，并将自身与基地上的特定要素或地貌连在一起。放射形式的核心，可以是一个象征性的组合中心，也可以是一个功能性的组合中心。其中心的位置，可以表现在视觉上占主导地位的形式，或者与放射状的翼部结合变成它的附属部分（表3-4，图3-12、图3-13）。

表3-4　放射结构

方 式	方 法	平面关系	透视图示
放射	● 综合了集中式与串联式组合的要素 ● 包含一个居于中心的主导空间 ● 多个线式组合从这里呈放射状向外延伸		
均衡	● 放射式的组合则是外向型平面组织关系 ● 通过其线式的臂膀，放射式组合能向外伸展 ● 有一个象征性的组合中心空间		
多点	● 多点放射式的组合则是网格型平面组织关系 ● 具有交叉关联性复杂空间组织 ● 通过对网格布局的变异、移位生成多点放射式		

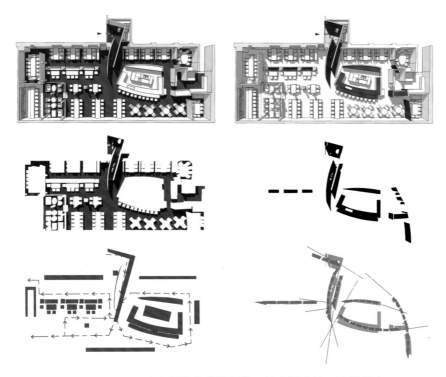

图3-12　贯穿平面和顶地中心部位的发散斜线，使空间整体、流畅多变

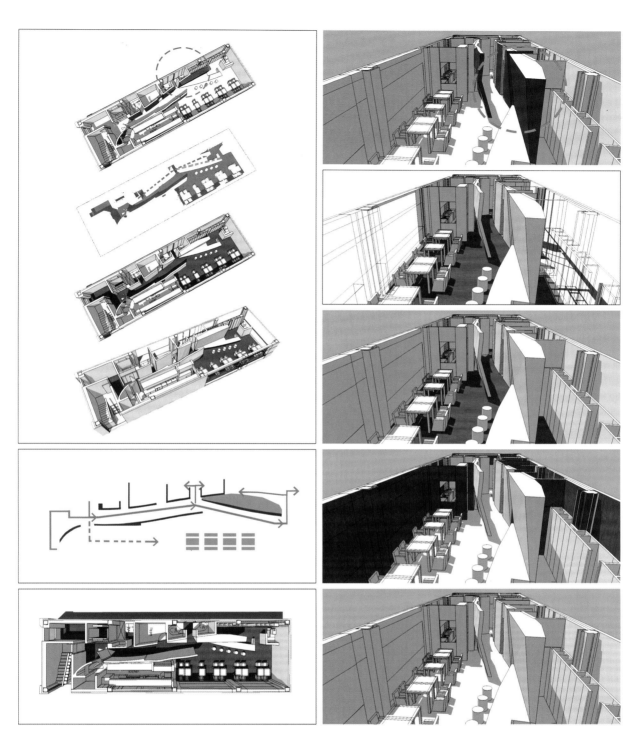

图3-13 以中心隔断为放射式功能及家具的组合方式围合而成的餐厅空间

3.1.4 集中与组团

1. 集中

集中是一种极具稳定性的向心式构图，由一个占主导地位的中心空间和一定数量的次要空间构成。以中心空间为主，次要空间集中在其周围分布；中心空间一般是规则的、较稳定的形势，尺度上要足够的大，这样才能将次要空间集中在其周围，统率次要空间，并在整体形态上处于主导地位。组合中的次要空间，它们的功能、形式、尺寸可以彼此相当，形成几何形式规整，形成两条或多条轴线对称的总体造型。次要空间相对于主体空间的尺度较小；集中式组合方法，围绕中心扩散分布，能更好地将视觉以及观察者引入建筑空间的主要干区。集中形式需要一个几何形体规整，居于中心位置的形式作为视觉主导，比如球体、圆锥体或圆柱体，占据某一限定区域的中心。

2. 组团

组团是一种通过紧密的连接使各个空间之间相互联系的组合方式。它没有明显的主从关系，可以灵活变化。可随时增加或减少空间的数量，具有自由度。紧密的连接使各个空间得以密切联系，并不是分散独立的，是灵活变化但又紧密联系在一起；由多种形态的单元空间或形状、大小等共同视觉特点的形态集合在一起构成的。组团式组合，根据尺寸、形状或相似性等功能方面的要求去聚集它的形式；组团式可以像附属体一样依附于一个大的母体或空间；也可以只用相似性相互联系，使它们的体积表现出各自个性的统一实体；还可以彼此贯穿，合并成一个单独的、具有多种面貌的形式（图3-14至图3-18）。

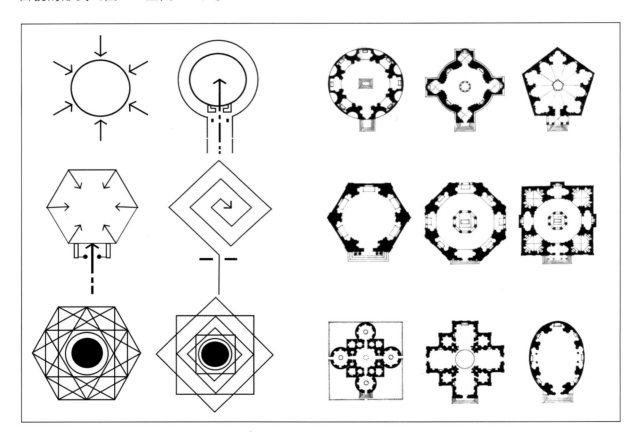

图3-14　集中：以中心空间为主，次要空间集中在其周围分布

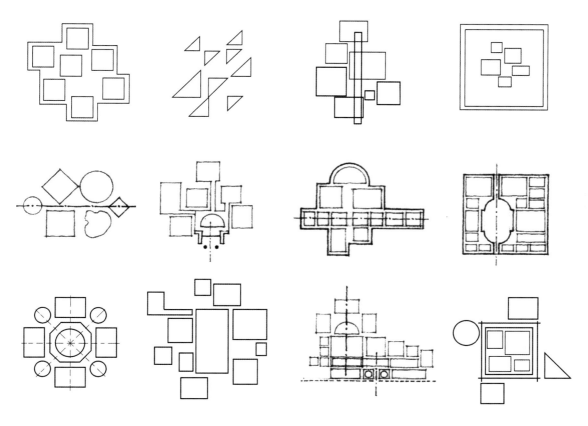

图3-15　组团：通过紧密的连接使各个空间之间相互联系。这种组合方式没有明显的主从关系，可以灵活变化

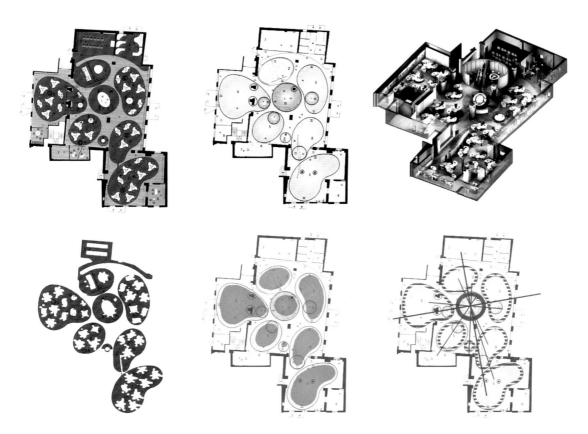

图3-16　各个空间密切联系，并不是分散独立的，其灵活变化但又紧密联系在一起

图3-17　围绕中心扩散分布，能更好地将视觉，以及观察者引入建筑空间的主要干区

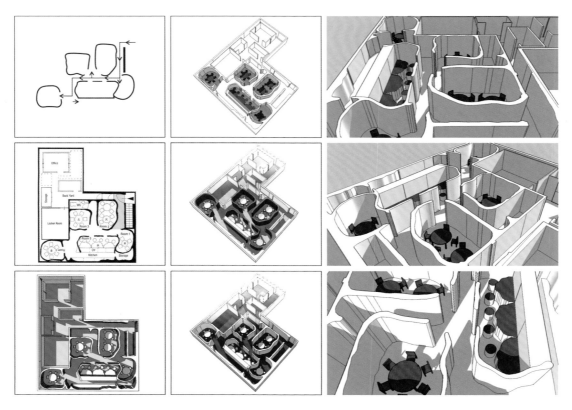

　图3-18　可以像附属体一样依附于一个大的母体或空间，也可以只用相似性相互联系

3.2 次序结构

根据结构主义的次序结构，可以把空间构成中各要素之间的关系再确立为一种次序关系，这种关系也即序列、等级关系。可通过两种或两种以上的空间单元之间的相互比较，来显现它们的差异性。在本节中，我们重点讨论重叠、包容、序列式结构，及其在室内空间中的表现。

3.2.1 重叠

如果说代数结构的排列组合关系因无先后、主次关系，形成并列式结构的空间体系；那么次序结构的次序排列关系则因有了先后、主次关系，而形成序列式、等级式结构的空间体系。属于这一类空间结构的有重叠、包容、序列式和等级式。

重叠是指两个空间单元的一部分区域重叠，形成原有空间的一部分或新的空间形式。空间单元的形状和完整程度则因重叠部位而发生变化：当重叠部位为两个空间共享时，空间单元的形状和完整程度保持不变；当重叠部位与其中一空间合并，成为它的一部分时，就使另一空间单元的形状不完整，降为次要的和从属的地位；当重叠部分自成为一个新的空间时，就成为两个空间的连接空间，则两个空间单元的形状和完整性发生改变（表3-5，图3-19至图3-24）。

表3-5 重叠结构

方　式	方　法	平面关系	透视图示
部分	● 重叠是指两个空间单元的一部分区域重叠 ● 形成原有空间的一部分或新的空间形式 ● 重叠部位为两个空间共享		
上下	● 可以是上下空间结构的重叠 ● 上下空间的异形结构重叠，生成空间综合体 ● 直线、折角、直线与曲线结合，形式多样		
主次	● 可以是主次空间结构的重叠 ● 主空间构成环境大关系，次结构渗透其中 ● 主次空间结构的套叠		
异形	● 两个空间叠合，生成第三个独立空间 ● 第三个独立空间可以成为共享关系空间 ● 方便直线与圆曲空间的过渡和连接		

  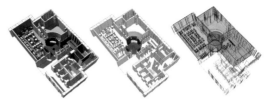

图3-19　当重叠部位为两个空间共享时，空间单元的形状和完整程度保持不变

图3-20　按照功能分区的餐厅独立空间

图3-21　餐厅的共享空间，连接各个功能空间

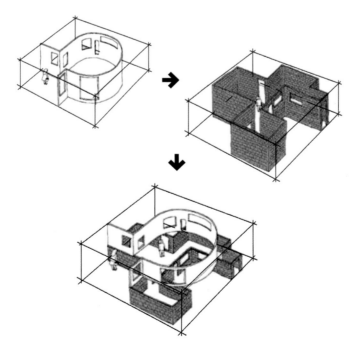

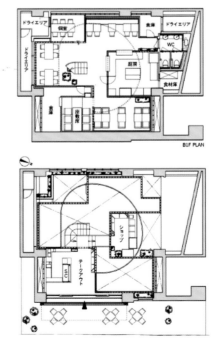

图3-22　重叠空间图解：餐厅上部结构形态与下方功能空间的重叠设置

图3-23 重叠空间的室内透视效果　　图3-24 餐厅上部结构形态将基本功能空间连接成为整体

3.2.2 包容

包容是指一大的空间单元完全包容另一小的空间单元。

包容关系：如果两者在封闭与开敞程度上寻求变化，会构成视觉及空间上的连续性和通透性。在有高差的前提下，体积差别越大，包容感越强。当大空间与小空间的形状相同而方位相异时，小空间具有较大的吸引力，大空间中因产生了第二网格，留下了富有动态感的剩余空间；当大空间与小空间的形状不同时，则会产生两者不同功能的对比，或象征小空间具有特别的意义（表3-6，图3-25至图3-28）。

表3-6　包容结构

方　式	空间表现	平面关系	透视图示
尺度、大小	● 大的空间单元完全包容另一小的空间单元 ● 在有高差的前提下，体积差别越大，包容感越强 ● 大小空间留有富有动态感的剩余空间		
隔断、脱离	● 被包容小的空间单元体分为到顶或不到顶结构 ● 不到顶结构的被包容感强于到顶结构 ● 也可以是脱离地面、悬架起的围合结构		
形态、方位	● 大空间与小空间的形状相同而方位相异 ● 方位相异的小空间具有较大的吸引力 ● 大小空间留有富有动态感的剩余空间		
异形、意义	● 大空间与小空间的形状不同，如方圆差异 ● 象征小空间具有特别的意义 ● 异形小空间具有较强的独立感和形态识别属性		

55

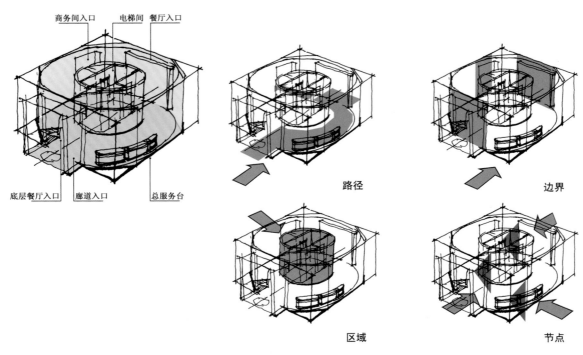

路径　边界

区域　节点

图3-25　采用包容空间组织的酒店大堂空间关系图解

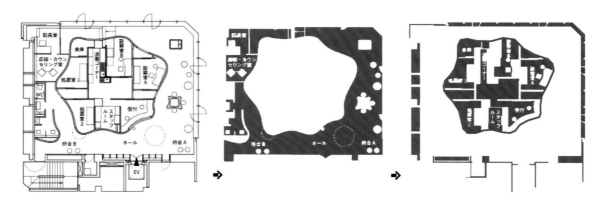

图3-26　建筑空间中，通过包容围合，将功能空间组织在包围圈内部

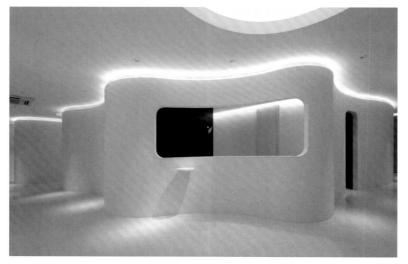

图3-27　采用包容空间组织的某诊所空间关系　　　　图3-28　包围圈后侧通道曲面相互关联

3.2.3 序列

数学上，序列是被排成一列的对象（或事件），这样，每个元素不是在其他元素之前，就是在其他元素之后。这里，元素之间的顺序非常重要。

序列结构组织指多个空间单元因先后关系的结构组织而形成。先后关系可以是各空间单元在时间上的顺序组织，也可以是各空间单元在流线上的位序组织。这类空间构成的结构犹如音乐的旋律，有前奏—开始—发展—高潮—尾声等序列过程（图3-29、图3-30）。

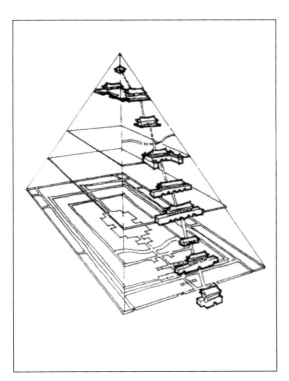

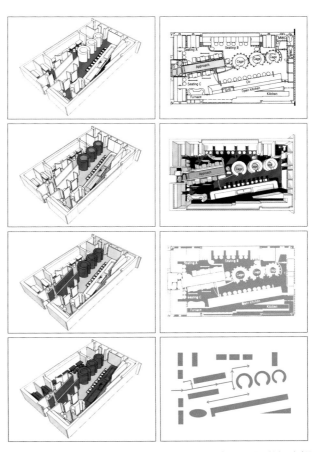

图3-29　序列：由前奏—开始—发展—高潮—尾声等序列过程的空间构成，优美地体现在北京故宫的建造上

图3-30　犹如音乐的旋律和音符，按照序列过程进行空间组织的餐厅设计

3.3　拓扑结构

拓扑结构是建立在邻接性、连续性和界限概念上的结构。拓扑学作为数学的一门分科，主要研究的是几何图形在一对一的双方连续变换下不变的性质。在本节中，我们重点讨论莫比乌斯带、拓扑网格、拓扑变换，以及基于拓扑结构的空间设计方法。

3.3.1 拓扑学

拓扑学是研究几何对象在连续变换下保持不变性质的数学。所谓连续变换（也叫拓扑变换），是使几何对象受到弯曲、拉伸、压缩、扭转或这些情况的任意组合，变换前连在一起的点变换后仍连在一起，相对位置不变。拓扑学关心的是定性而不是定量问题，其重点就是连续变换。

1. 莫比乌斯带

莫比乌斯带（Möbius band）是一种单侧、不可定向的曲面。因A.F.莫比乌斯发现而得名。将一个长方形纸条ABCD的一端AB固定，将另一端DC扭转半周后，把AB和CD粘合在一起，得到的曲面即莫比乌斯带。关于莫比乌斯带的单侧性，可如下直观地了解：如果给莫比乌斯带着色，色笔始终沿曲面移动，且不越过它的边界，最后可把莫比乌斯带两面均涂上颜色，即区分不出何是正面，何是反面。对圆柱面则不同，在一侧着色不通过边界不可能对另一侧也着色。单侧性又称不可定向性。以曲面上除边缘外的每一点为圆心各画一个小圆，对每个小圆周指定一个方向，称为相伴莫比乌斯带单侧曲面圆心点的指向，若能使相邻两点相伴的指向相同，则称曲面可定向，否则称为不可定向。

2. 克莱因瓶

在数学领域中，克莱因瓶（Klein bottle）是指一种无定向性的平面，比如二维平面，就没有"内部"和"外部"之分。克莱因瓶最初的概念是由德国数学家菲利克斯·克莱因提出的。克莱因瓶在三维空间中只能做出"浸入"模型（允许与自身相交），比如一个瓶子底部有一个洞，延长瓶子的颈部，并且扭曲地进入瓶子内部，然后和底部的洞相连接。和我们平时用来喝水的杯子不一样，这个物体没有"边"，它的表面不会终结。它也不类似于气球，一只苍蝇可以从瓶子的内部直接飞到外部而不用穿过表面（所以说它没有内外部之分）。克莱因瓶和莫比乌斯带非常相像，莫比乌斯是"二维克莱因瓶"（图3-31、图3-32）。

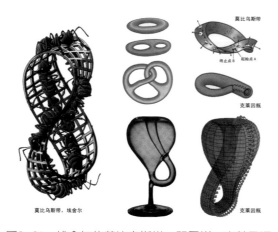

图3-31 埃舍尔的莫比乌斯带、双圈饼、克莱因瓶　　图3-32 莫比乌斯带延伸到了展厅空间，奇趣的空间关系富于视觉冲击力

3.3.2 拓扑网格

网格的拓扑结构是由点和线组成的几何图形。拓扑网格大致可分为规则式网格、不规则式网格和综合式网格。

1. 规则式网格

规则式网格是一种在不改变拓扑性质（如点为节、线为联系、面为集合，以及点、线、面三要素之间的邻接、联系和界限关系等）的条件下，将原始网格经拓扑变换转变为新的网格，新产生的网格图式具有集合规则的特征。

2. 不规则式网格

不规则式网格或称为自由式网格，是在不改变拓扑性质的条件下，将原始的网格经拓扑变换转变为新的网格。但与规则式不同的是，新产生的网格图式具有不规则、自由灵活的特征。

3. 综合式网格

事实上，在形成不规则网格的过程中已经经历了规则式网格的渐变，这是一个由拓扑的低层次向拓扑的高层次层层积累的变换（图3-33至图3-36）。

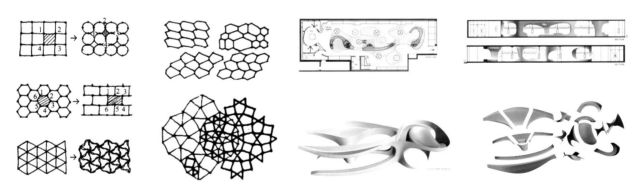

图3-33 规则网格及变化，自由式网格及变化　　图3-34 纽约Carlos Miele服饰旗舰店，拓扑平面、立面和家具结构设计

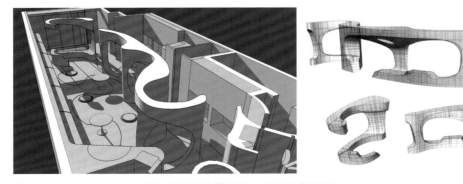

图3-35 Carlos Miele服饰旗舰店空间透视、家具结构模型

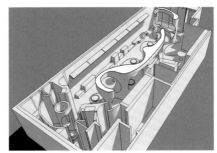

图3-36　设计师巧妙地运用了拓扑曲面展台、展柜置于中心地带，产生一种向心内聚力

3.3.3　拓扑变换

1. 拓扑变换概述

根据拓扑学原理的室内空间设计，突出的成形概念与设计手法，表现在有限空间中的互为借用、互为衬托和反正关系，在反转共生中实现功能与形式的创新。在空间"扭曲"、"折叠"的变化中，空间的复合性与丰富性初步得以实现；删减不必要的体与面，使之空间结构回归基本使用要求。在选择删减体与面的过程中，不断观察空间的结构与层次变化，比较其表现特征和功能空间的结合性。在经过由简入繁、由单一到复合、由线性空间到体面空间的交错往来的反复推敲中，空间生成逐渐由模糊到清晰，由简单到丰富，由繁杂到趣味，空间设计质量会有很多提高和改善。

2. 基于动线生成与空间流动的拓扑结构设计

在室内空间中，从一个单元空间进入到另一个单元空间，人们在逐步体验空间过程中，受到空间的变化与时间的延续两个方面的同时影响，从而形成对客观事物的视觉感受和主观心理的力向感受。拓扑结构动线的主要机能就是将空间的连续排列和时间的发展顺序有机地结合起来，使空间与空间之间形成联系与渗透的关系，增加空间的层次性和流动性（图3-37至图3-41）。

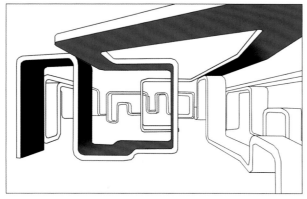

图3-37　翻折反转的拓扑结构满布空间　　　　图3-38　拓扑结构空间鸟瞰模型

图3-39　拓扑空间在转折扭曲及三维变换中保持连续

图3-40　拓扑形体具有连续、自由、流动和可塑性

图3-41　连续变换的拓扑结构设计，将地、顶、墙和家具结构连接为一个整体

习题和作业

1. 理论思考

（1）并列结构包括哪几种类型？

（2）次序结构包括哪几种类型？

（3）请举例简述组团布局特点。

（4）请举例简述拓扑结构空间生成特点。

2. 实训操作课题

实训课题1

课题名称	空间与形态结构设计
实训目的	通过空间与形态结构认知，领会概念，训练室内空间布局设计能力
操作要素	依据：教师选定的一个建筑平面图，设计一个服饰店平面和空间建模 图解：CAD，Sketchup，3ds Max，白模、渲染，可以是手绘草图平面
操作步骤	● 步骤1：依据建筑平面图，思考服饰店平面和功能分析，完成泡泡图和平面初步 ● 步骤2：研究并列结构、次序结构、拓扑结构原理，分别做三个对应平面布局图 ● 步骤3：通过SketchUp，3ds Max建模，观察空间模型的不同变化及适宜性 ● 步骤4：渲染导出二维图，空间鸟瞰、转换视角，形成系列图片，Photoshop简单修图排版，在Word文件中插图并附100字左右的文字说明，上交电子稿
作业评价	● 结构和画面是否完整 ● 空间布局是否充分表现了并列、次序、拓扑结构特征 ● 疏密关系、光影关系、层次是否巧妙丰富 ● 制作是否精细 （图3-42）

实训课题2

课题名称	拓扑结构——线要素的拓扑空间生成
实训目的	空间理论认知，通过线材加工等最简单加工方法表现拓扑空间生成
操作要素	材料：木条、棉线、502胶水。工具：剪刀、美工刀、铅笔、尺子、笔擦
操作步骤	● 步骤1：绘制形态和结构草图。将木条截断为数个长短不一，备用 ● 步骤2：将木条初步搭接，502胶水固定，生成空间框架 ● 步骤3：缠绕棉线，按照一定规律排布整齐，重点是要形成一个连续翻转和方向变化的面；任意转动模型，没有上下左右关系，只有形态变化 ● 步骤4：分步骤拍照，简单修图，在Word文件中附图和文字说明，排版，交电子稿
作业评价	● 形态是否完整合理 ● 是否有拓扑变化意趣 ● 空间结构关系、层次是否巧妙丰富 ● 制作是否精细 （图3-43）

3. 相关知识链接

（1）[美]程大锦. 建筑：形式、空间和秩序[M]. 刘丛红译. 天津：天津大学出版社，2008.

限定要素是构成空间形态不可缺少的要素。它主要是针对一个空间六面体如何采用基本要素中的线、面要素来构成空间。

（2）[德]马克·安吉利尔．欧洲顶尖建筑学院基础实践教程[M]．祈心，等译．天津：天津大学出版社，2011．空间、规划、技术篇章：研究空间法则、空间集合、规划图解、动态空间等概念和作业图解。

（3）[美]肯尼思·弗兰姆敦．建构文化研究——论19世纪建筑中的建造诗学[M]．王俊阳，译．北京：中国建筑工业出版社，2010．建构的视野、密斯·凡·德·罗：先锋与延续等章节。

4.作业欣赏

（1）作业1：《空间与形态结构设计》（设计：徐朴/指导：卫东风）

作业点评：同一建筑平面图，尝试并列结构、次序结构、拓扑结构空间布局设计，通过平面图、3D建模图解呈现空间效果，且要有一定的示范意义（图3-42）。

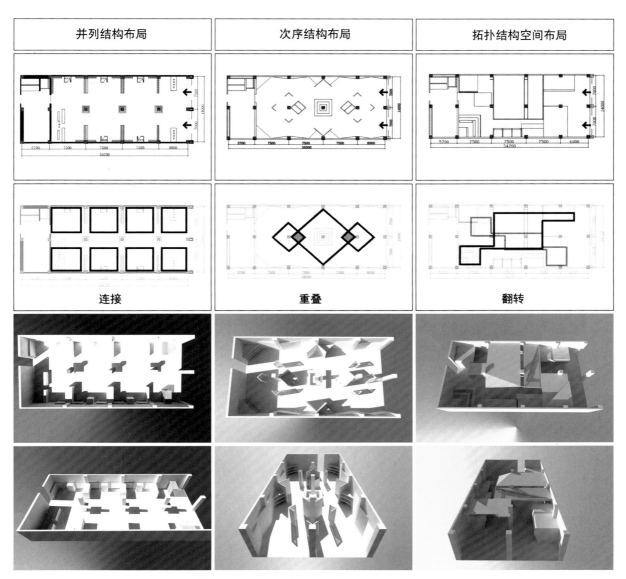

图3-42 采用同一建筑平面设计的售楼处、餐厅、服饰店布局及分析图、模型图

（2）作业2：《拓扑空间——线的空间生成》（设计制作：汪敏/指导：卫东风）

作业点评：以拓扑结构设计的手法，研究线的空间生成和建构规律。模型中，粗线（木条）生成空间轮廓，细线（棉线）的缠绕生成不同的面结构。由于是拓扑关系，模型没有方位感，不同的角度生成差异化的廓型（图3-43）。

图3-43　拓扑变形，空间或形体在不停地渐变中形成一套具有相似特性的系列

下篇　实验·室内空间设计拓展

在上篇有关空间认知和室内空间与形态要素、空间结构设计的教学基础上，本篇中我们力求拓展新知，尝试学习和研究新的设计方法。本篇重点讨论类型设计、视觉中心设计、屋中屋设计，以及室内空间复杂形态如折叠空间、曲面空间、孔洞性空间等概念和生成方法。

空间与类型设计：采用类型学方法进行课题研究对室内类型设计研究有启示意义。总结已有的类型，将其图示化为简单的几何图形并发现其"变体"，寻找出"固定的"与"变化的"要素，或者说从变化的要素中找寻出固定的要素。据此固定的要素即简化还原后的城市和建筑的结构图式，设计出来的方案就与历史、文化、环境和文脉有了联系，根据现实的需要则可加以变化。

屋中屋设计：屋中屋的类型与建构研究，契合当代空间设计趋势。屋中屋的空间类型与结构特点，包含了次序结构的重叠、包容、序列式和等级式，有研究价值。屋中屋建构研究是有效、直接的完成"创造空间"的任务，其建构研究是基于勒·柯布西耶"自由的平面"建筑观的建筑与室内空间再创造。

折叠空间、曲面空间、孔洞性空间设计：当代建筑空间的趋势表现为空间的数学化，一方面是针对空间模式进行数学操作，包括折叠和函数连续变换；另一方面是形态在几何领域的新拓展，包括拓扑几何、非欧几何与多面体几何。空间设计在满足功能需求以外开始寻求可能的空间形式，折叠、曲面、孔洞等只是其中的部分代表。

课题训练：在第9章课题训练中，包含了主题性空间设计的基本要求，空间设计的某些特征，课题内容介绍，项目要求、设计细节，课题操作程序和要求，专题观摩、资料整理；在调研的基础上，收集相关数据；概念设计、方案设计；对不同类别的空间组织、界面装饰等作进一步深入探讨与设计。在案例教学过程中，注重实践过程，通过图纸、模型和文字说明等，正确、完整、富有表现力地表达出设计作品。

第4章 空间与类型设计

课前准备

请每位同学准备A4白纸2张，在规定的20分钟时间内，默写自己所熟悉不同的小商铺平面布局，并进行初步类型合并与归纳。20分钟后，讲评同学们的平面形态，确定谁的平面形态变化丰富，类型归纳合理。

要求与目标

要求：通过对本章的学习，使学生应充分了类型和类型学，以及室内类型设计理论。

目标：培养学生的专业认知能力，从类型学理论角度，观察与思考身边室内形态和空间类型特点。

教学框架

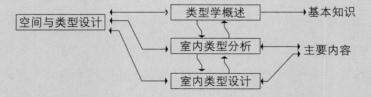

本章引言

本章研究以建筑类型学理论为指导，解析室内类型要素和类型特征，研究类型转换、类推设计和应用途径，探析室内类型设计方法与形态生成法则。作为一种尝试性研究和对室内形态发展的类型学思考，希望对室内空间设计实践有一定的指导意义。

4.1 类　　型

类型是种类、同类、分类、类别之义，由各特殊的事物或现象抽出来的共通点。类型是模糊的分类方式，没有固定的分界线。类型往往是由成套惯例所形成。在本节中，我们重点讨论类型、建筑类型学概念以及基本理论、室内空间类型基本分析。

4.1.1　类型概念

（1）类。类是一种类型的对象的表示形式。分类意识和行为是人类理智活动的根本特性，是认识事物的一种方式。类是由各特殊的事物或现象抽出来的共通点。

（2）类型。类型是模糊的分类方式，没有固定的分界线。类型是种类、同类、分类、类别之义。类型往往是由成套惯例所形成。

（3）类型与形式。以建筑为例，一个建筑类型可导致多种建筑形式出现，但每一个建筑形式却只能被还原成一种建筑类型。类型是深层结构，而形式是表层结构。

（4）类型与风格。类型是在时间长河中使某事物保持延续性和复杂的多意性，保持其真正有价值的东西。而风格问题则退居类型之后，风格的标新是事物表象特征。

（5）类型与原型。荣格有关原型的概念，指人类世世代代普遍性心理经验的长期积累，"沉积"在每一个人的无意识深处。其内容是集体的。类型概念深受原型的影响，类型与原型类似，是形成各种事物最具典型现象的内在法则。

（6）类型学（Typology）。类型学是对类型的研究，是一种分组归类方法的体系研究。建筑类型学是在类型学的基础上探讨建筑形态的功能、内在构造机制、转换与生成的方式的理论。

4.1.2　室内类型的划分

室内类型的划分中大多是以建筑功能类型作为标准进行室内类型分类和制定标准的。一般来讲，有什么样建筑就会有什么样的室内空间，如民居住宅类建筑的居住空间室内类型；行政与商业办公建筑的办公空间室内类型；商店、商场等商业空间室内类型；图书馆、博物馆、大会堂、歌剧院等公共文化空间室内类型；火车站、地铁站、机场大厅等公共交通空间室内类型、酒店餐厅建筑室内类型等。室内类型划分总的来讲是根据行业的不同和建筑类型而划分的，划分的依据是基于不同的行业根据其不同的特点需要的建筑及室内功能空间类型，有其合理的设计依据（图4-1）。

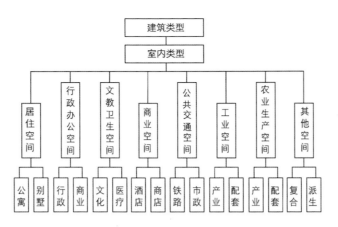

图4-1 室内类型的划分

4.1.3 室内类型基本特征

室内类型基本特征包括功能性特征、时代性特征、风格性特征、地域性特征、交叉性综合特征等（表4-1）。

表4-1 室内类型基本特征

序 号	类 型	关键词	室内类型基本特征	类型重点
1	功能性特征	功能类型	空间的使用功能对类型形成影响最大。室内空间是建筑功能类型的延续。功能性空间布局形成室内类型的原初形态和模式，通过考察原初形态和模式是认识室内类型特征的主要渠道；以餐饮建筑为例，其类型特征是由符合常规使用习惯的空间布局和空间规模所决定的	功能性空间布局形成室内类型的原初形态和模式
2	时代性特征	时代变化	建筑空间随着的时代变化而变化，尤其是当代建筑思潮对建筑形态变化的影响更多更大，建筑空间的改变速度更快；随着建筑空间的变化，室内形态也随之改变，因此室内类型有着鲜明的时代性特征	时代变化影响后的类型变化
3	风格性特征	风格类型	室内类型与室内风格紧密关联。不同的设计风格影响室内类型和空间形态，相同的空间规模与场地，以不同的风格要素施加影响和组合，可以呈现相异类型特征。风格性特征会在一定程度上改变室内原型，是室内类型的附加特征	不同的设计风格影响室内类型和空间形态
4	地域性特征	地域类型	地域通常是指一定的地域空间，是自然要素与人文因素作用形成的综合体。一般有区域性、人文性和系统性三个特征；不同的地域会形成不同的"镜子"，反射出不同的地域文化，形成别具一格的地域景观。室内类型有着鲜明的地域特征和痕迹	区域性、人文性和系统性影响室内类型
5	交叉性综合特征	综合交叉	旧建筑被赋予了新的功能和用途，其变化的结果是新的室内类型生成，这是室内类型的交叉性特征之一，是被动的交叉；旧建筑原型、旧的室内设施和新的室内使用带给人们复合的、交错空间体验和新奇感，丰富了空间的人文特色；而有意识地采用多功能空间集合、混搭设计，将单一的室内类型多样多元化	旧建筑更新被赋予了新的功能和用途，影响室内类型

4.2 类型分析

以类型学为手段来研究室内空间形式问题，通过抽象简化、类推联想可以使我们从纷乱繁杂的形式影响中摆脱出来。在本节中，我们重点讨论传统的、代表性的室内空间类型：商铺空间特征和基本分析。

4.2.1 商业形态

商业的集聚是商业的一种表现方式。从古到今，商业的集聚这种现象都普遍地存在着。商业的集聚可大致分为点、线、面三种形态（表4-2）。

表4-2 商业的集聚和形态

商业形态	形态特点	商铺类型	空间特点
散点状形态	人们日常居住的居民区、交通干道沿线的便利店、服务店、城市郊区的零星小店等	传统商铺、社区商铺、专卖店	小、中型，具有传承的行业功能特点
单点状形态	单点状的"商业航母"，在人们日常居住的居民区、城市郊区零星布局	大型超市、仓储商店	单体商业空间规模大、类型全
条带状形态	表现为商业街或专营商业街，是一种沿街分布的形态，如北京的王府井大街、南京的湖南路商业街等	商业街商铺、购物中心、大型商业中心	行业类型和分类较统一，空间类型丰富
团块状形态	团块状的形态有我们熟知的义乌小商品城、北京的潘家园旧货市场、东部的商务中心区等	综合与专业批发市场、购物中心商铺	行业类型统一，空间聚集
混合状形态	混合状的商业集聚是近年来出现的商业业态，在空间拥挤的办公区、地铁等地方布局	写字楼商铺、地铁机场商铺	空间规模小，类型交叉

4.2.2 商铺

广义的商铺是指经营者为顾客提供商品交易、服务、感受体验的场所，从百货、超市、专卖店到汽车销售店都是规模不等的商品交易场所。商铺由"市"演变而来，《说文》将"市"解释为"集中交易之场所"，也就是今日的商铺。聚集于渡口、驿站、通衢等交通要道处相对固定的货贩，以及为来往客商提供食宿的客栈成为固定的商铺的原型。

商铺的固定带来了不同的商品行业种类——集镇或商业区。固定化的商业空间必然需要配备一定的商业设施，为来往的客人提供方便，促进交流，更好地配合商品交易。于是，相应的交通、住宿等其他休闲设施及货运、汇兑、通讯等服务性的行业也随着商业活动的需求而产生。随着商品经济及科技的发展，现代的商业活动空间无论在形式上、规模上，还是功能上、种类上都远远优于过去的形制。商业活动由分散到集中，由流动的形式变成特定的形式。不同的产品经销、产品风格对商铺空间形态有不同的要求，反映在室内平面、立面、家具、设施的变化上并形成类型特征（图4-2至图4-7）。

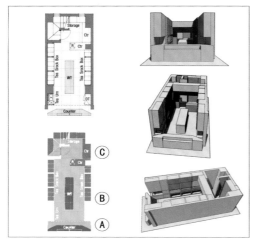

图4-2 传统一字形小商铺空间平面和模型，处置柜台，内设陈列和仓储

图4-3 一字形小商铺，沿街门面狭小，只设置售卖柜台，集陈列、接待、结算空间于一体

图4-4 顾客不进入室内，小商铺室内仅为仓储兼有货物陈列的功能空间

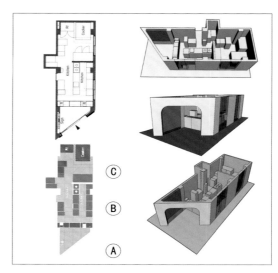

图4-5 传统一字形小商铺空间平面和模型，前店后坊格局

图4-6 传统类型的小商铺，有独立的门面和招牌 | 图4-7 传统类型的小商铺，自产自销，有狭小的室内营业厅，将大部分空间留给了后场作坊

4.2.3 类型分析

我们这里讨论的商铺专指小型商店空间——传统商铺、社区商铺和专卖店（表4-3和表4-4，图4-8至图4-14）。

表4-3 商铺空间类型

业　态		功　能	空间类型特征
零售业	专卖店	经营品种单一、但同类品牌的商品种类丰富，规格齐全	空间形态呈现类型化特征；空间规模小而精，在立面、节点、陈列形态方面完整且成系列
	零售百货店	集中化的销售，使顾客各得所需，衣、食、住、行经营全面	空间规模小而精，围合紧密，布局紧凑；在立面、节点、陈列形态完整且成系列
餐饮业	小餐饮店	经营单一，以餐饮功能为主	空间围合紧密，布局紧凑，前后场分区；餐桌紧凑、用于结账的小服务台
	茶室	经营单一，以饮茶功能为主	布局紧凑的酒水吧台与茶桌，相对私密小空间围合、富于情调的空间装饰
美容美发服务业	美容养生店	经营丰富，以美容养生功能为主	空间规模小而精，围合紧密，布局紧凑；在立面、节点形态方面完整且成系列
	发屋	经营单一，以发屋功能为主	多功能接待服务、洗染发、烫发，布局紧凑、分区明确，设施与装饰类型化
房屋中介	房屋中介店	以房屋中介功能为主	空间规模小，布局包括看板展示、接待洽谈、信息服务等统一模式
文印服务	打字店	以文印服务功能为主	空间规模小，围合紧密，布局紧凑；布局包括设备、打字操作、简单加工

表4-4 类型分析

名　称	空间类型分析	综合要点
类型化	● 空间形态类型化：方形、长方形空间，一字形柜台，前店后坊格局等 ● 色彩类型化：不同的行业和空间，如酒店、餐饮、美发、服装店有着类型化的色彩特点 ● 装修材质类型化：质朴粗犷的木材、木质感，被用于餐饮小吃；粗粝石板原木，被隐喻乡土风情店 ● 装饰类型化：餐饮、服饰店、零售店都有各自对外立面、室内顶地面装饰的基本做法	空间、色彩、材质、装饰类型化
地域化	不同地区对待商业空间类型、使用、装饰处理有地域类型特点	地域特色
程式化	商业形态和模式影响程式化空间类型形成，这是商业空间传承特点之一	传承特点
系列化	系列化、配套全面、服务延伸是当今空间类型的新特点	配套全面
混搭化	地铁商铺、办公商铺、展厅化商铺等的出现，表明空间使用多样化，类型多样重叠、复合化	类型混搭

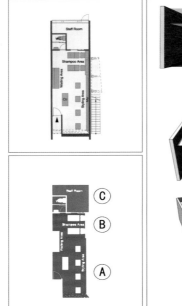
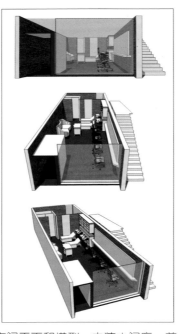

图4-8 传统类型小发屋空间平面和模型：由狭小门廊、剪发理发区和洗发区、休息区构成

图4-9 小发屋门廊空间透视

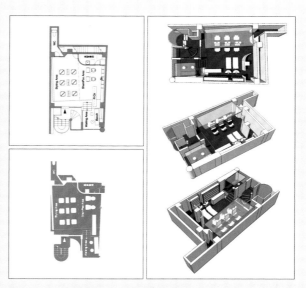

图4-10　发屋的剪发理发区和洗发区、休息区空间透视

图4-11　传统类型小发屋空间平面和模型。开间变宽，区域分割更为明显

图4-12　剪发理发区空间效果。"镜子"成为有限空间唯一的隔断、功能设施、装饰设施

图4-13　剪发理发区对称分割，整齐而富于韵律的空间效果

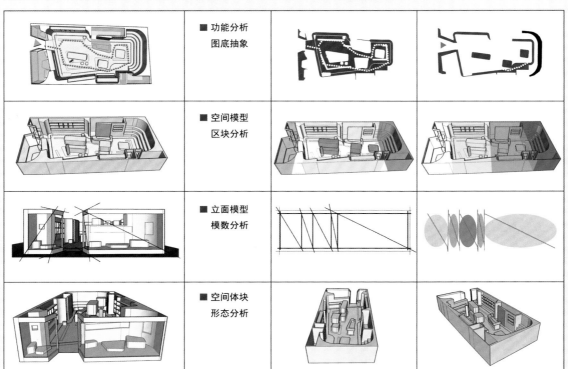

图4-14　小服饰店空间与类型分析：空间功能区域的私密性和公共性图解；室内空间图底关系图解；服饰店入口立面的模数关系图解（设计：闫子卿/指导：卫东风）

4.3 类型设计

类型设计由一系列操作策略组成，包括类型提取、室内类型提取的实验和步骤，类推设计、类型转换、多类型并置、重叠和交叉设计等。在本节中，我们重点讨论类型提取、类推设计、类型转换，以及类型并置设计的设计方法。

4.3.1 类型提取

1. 类型提取概述

类型提取是在设计过程中指导人们对设计中的各种形态、要素部件进行分层活动，对丰富多彩的现实形态进行简化、抽象和还原，从而得出某种最终产物。通过类型提取得到的这种最终产物不是那种人们可以用它来复制、重复生产的"模子"。相反，它是建构模型的内在原则。我们可以根据这种最终产物或内在结构进行多样变化、演绎，产生出多样而统一的现实作品。

2. 类型提取的实验和步骤

（1）选择建筑位置、室内空间质量、大小规模、使用功能、室内平面布局、平面外框形状相似的一组同类室内设计项目的平面布置图。

（2）将平面图的区域、家具、空间结构和路径流线转化为面线关系的图底图形。

（3）完成对平面图纸的图底图形抽象化整理后，进入平面形态比对程序，即将这一组同类室内平面的图底图形进行分类比对，可以提取到类型组织模式，即室内类型的内在原则。

需要说明的是，选择室内平面布置图作为室内类型提取，是因为室内功能布局的平面形态最能够反映真实的设计特点和设计意图，是实体形态的示意、空间形态的生成基础。黑白的图底图形，去除了具象、琐碎、表皮的细节，是抽象化图形语言，能够最大限度地反映室内类型的结构特点（图4-15至图4-20）。

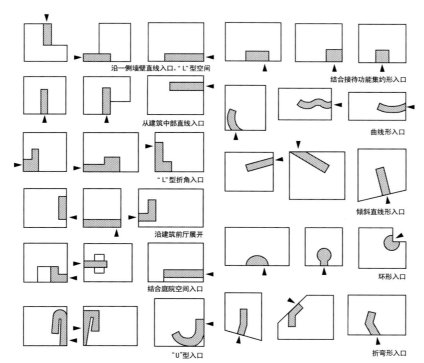

图4-15 店铺人口形态图解：对室内人口形态的类型提取到人口空间与建筑关系、与形态转换关系特征分析，研究人口空间尺度、方位对店铺运营的功能、美观、经济性关系

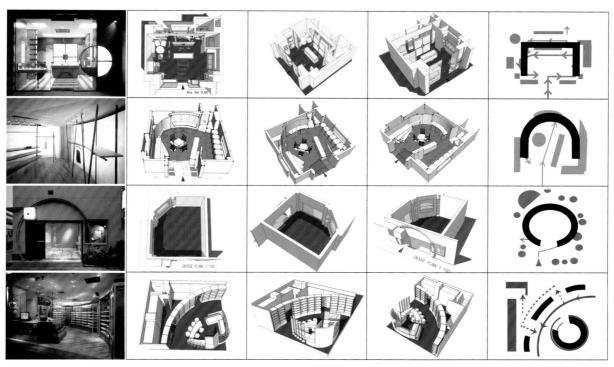

图4-16　通过对店铺建筑平面、工程照片、建模图解，提取传统小商铺"C"型布局的几种变化类型，是进一步类型设计和评价的基础

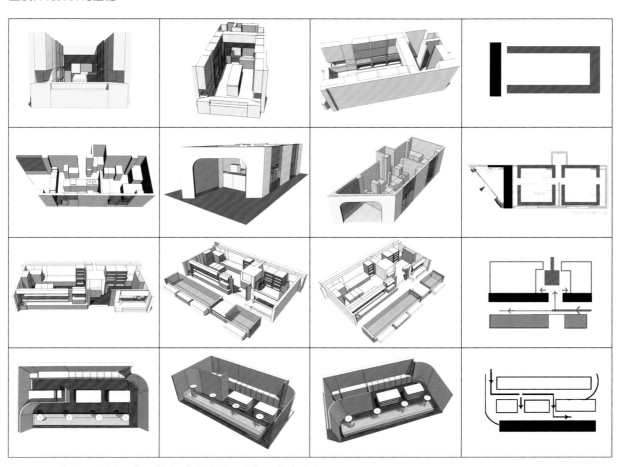

图4-17　传统小商铺一字形前店后坊格局布局的几种变化类型提取

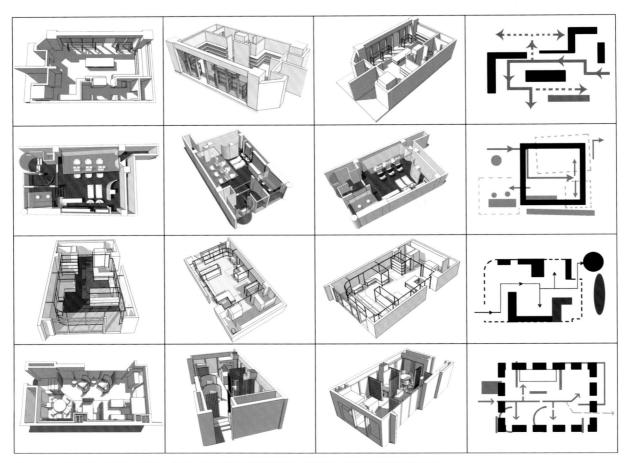

图4-18　常见的"口"字形布局特点是满铺利用空间、沿室内墙壁布置家具设施

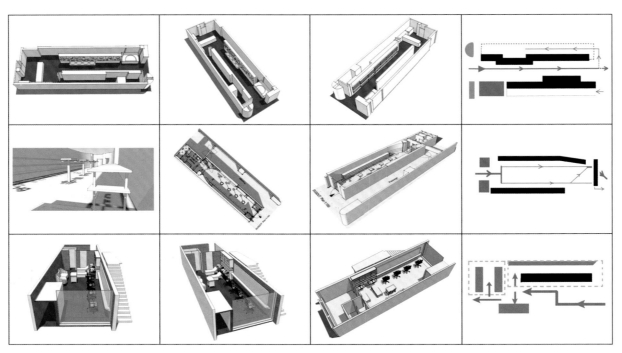

图4-19　"H"形布局为门面开间窄小、大进深的商铺空间，家具设施一般是设置在长长的"通道"两侧

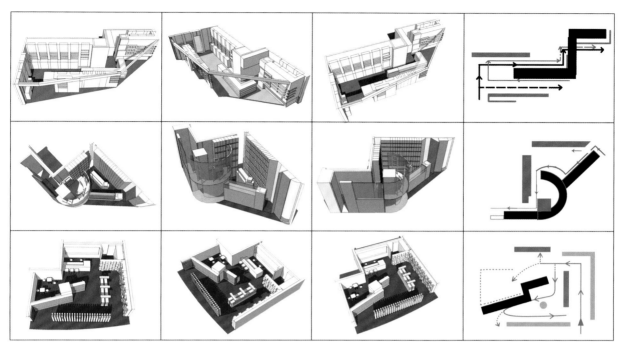

图4-20 传统小商铺 "之" 字型布局的几种变化类型提取。有两种情况,其一, "之" 字形布局多为跨角空间、边角小空间利用;其二,室内空间采形用 "之" 字型布局,可以打破原有布局的平衡感,产生折叠变化

4.3.2 类推设计

类推即类比推理, "所谓类比是这样一种推理,即根据A、B两类对象在一系列性质或关系上的相似,又已知A类对象还有其他的性质,从而推出B类对象也具有同样的其他的性质。" 类型设计是一种类推设计,是以相似性为前提的,是借用已知的或者发现的形式给予构造,去建构一个设计问题的起点(表4-5)。

表4-5 类推设计

序 号	类推设计	关键词	类推设计目的	操作重点
1	基本代码分类	提取图形	对室内类型基本代码信息分类总结,将其图解化为简单的几何图形并发现其 "变体",寻找出 "固定" 的与 "变化" 的要素	找出相对固定的要素
2	还原结构图式	图解原结构	从相似性信息中要找出相对固定的要素,将从这些要素中还原结构图式,以类推得到的结构图式运用到新空间设计中所生成的设计方案就与室内类型的历史、文化、环境、文脉有了联系	还原结构,生成新结构
3	分离模型、组织结构	分离模型	从原型的平面形态、实体形态与空间形态系统中从分离出模型、组织结构、元素类型,提取形态中的深层结构、等级秩序的有效应用成分	提取形态中的深层结构
4	图形式类推	图形类推	图形式类推凭借图形意向、符号、图案特质所呈现意图的结果为新的设计生成构架	图形类推,生成新结构
5	准则式类推	范式类推	准则式类推凭借其自身系统即几何形式特性和某种类型学操作范式思想为新的设计生成构架	范式类推,生成新结构

通过对一组小规模的餐厅的类型图形提取，其室内原型特征可以描述为：其一，入口通道、主厅、长台等基于功能性的实体形态构成规律特征；其二，空间布局层次、区域和路径关系特点具有规律特征；其三，平面外框与平面形态的关系特征。用类推设计进行建构赋型时，往往是上述多种同时起作用的。类推设计的结果，可以得到同一类型在不同环境、不同作者手中还原得到差别甚远的实体形象（图4-21和图4-22）。

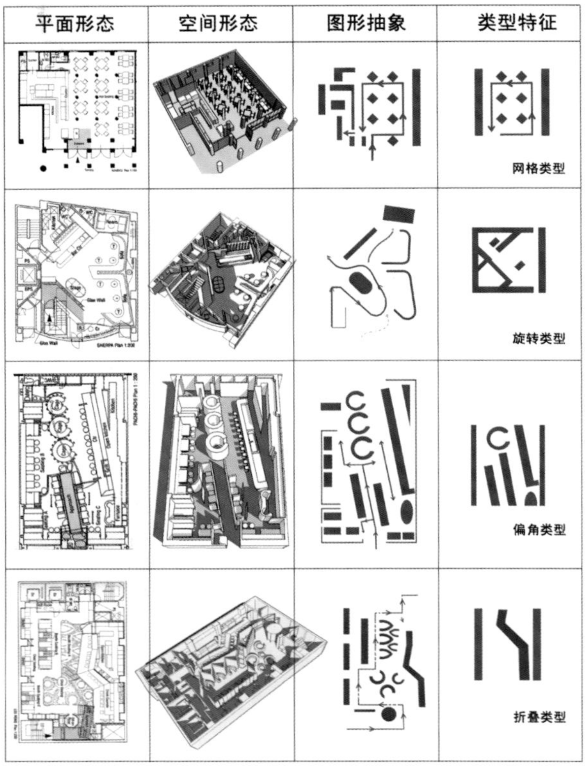

图4-21　规则平面空间布局类型图解

图4-22　非规则平面空间布局类型图解，多为沿建筑平面形态的适合性布置

4.3.3　类型转换

类型转换即从"原型"抽取转换到具体的对象设计，是类型结合具体场景还原为形式的过程。运用抽取和选择的方法对已存在的类型进行重新确认、归类，导出新的形制。建筑师阿甘（G.C.Argan）对类型转换做了结构解释："如果，类型是减变过程的最终产品，其结果不能仅仅视为一个模式，而必须当做一个具有某种原理的内部结构。这种内部结构不仅包含所引出的全部形态表现，而且还包括从中导出的未来的形制。"类型转换方式列于表4-6中。

表4-6 类型转换方式

序号	类型转换	影响度	表现特征	关键词	图 示
1	结构模式转换	•••••	通过对室内类型以往先例的平面形态的归纳与抽象，抽取结构模式；对规模相似餐饮空间平面形态罗列对比找到结构模式特征，基于几何秩序的简洁、空间组织特点是对来自类型传统构成手法的模式表达，运用这些结构模式对新空间的重组	结构、模式、几何、组织	原结构 新结构
2	比例尺度变换	••••	从以往先例的形态中抽象出的比例类型其所表达意义是相似性比较与记忆的结果；通过比例尺度变换可以在新的设计中生成局部构建，还可以将抽象出的类型生成整体意象结构。重要的细节是类型化的符号，产生以小见大、以点带面的新效果新形态	类型化符号、比例、尺度	原尺度 新尺度
3	空间要素转换	••••	不同的要素可视为假定的操作前提或素材，引发不同的空间操作并生成转换新的结果；对以往先例的形态中抽象出体量、构件要素的分解，这些构件独立于空间中与其他构件发生关系时，原来处于不同体量内部的空间相互流动起来得到新的空间形态	空间要素、构件、分解、重组	原构件 新构件
4	实体要素变换	••	实体要素变换对类型转换设计发挥重要作用；对待同一类型的室内家具、设施、构件等实体要素，要保留其影响类型特色的重要元素，在新空间中通过对原型要素撤换重组、摆放、错位使用、改变尺度、材质等都可以生成新的空间形态	家具、设施、构件、重组	原实体 新重组

4.3.4 类型并置

本节涉及类型的层叠结构，类型并置、重叠和交叉设计。类型并置包括：一个建筑从新到旧其功能的初始功能的意义已经耗失，二次功能成为主导；在一个空间紧密相连的建筑室内中，多种功能并存，产生类型并置、重叠和交叉。

这种类型并置情况一部分是自然发生的情况，而更多的是基于类型学设计方法。将类型并置作为类型设计方法，需要考虑多种类型相互间的关联，是有机的并置组合（表4-7）。

表4-7 多种类型相互间的关联

序 号	关键词	影响度	并置关联特征
1	系统关联	•••••	在建筑空间使用规划中将类型并置作为系统规划重要关联选择和特色设计
	功能关联	•••••	将功用考虑放在首位，功能区域设置和流线组合的结果更有利于使用效果
2	空间关联	•••••	建筑与室内空间应是流动性关联，功能空间、共享空间、交通空间关系的类型并置，私密性与公众性关系类型转换和并置关联等
3	场地关联	•••••	场地的历史与文化关联，在类型选择中具有相似性历史文化背景，具有共享的地域文化特征，具有共同关注的主题道具和构件
4	交叉关联	•••	要考虑不同类型间的交叉性关联，场地虽设置了不同的功用，但相处在一个较大且没有明确空间围合与限定的环境中，相互补充与交叉使用
5	并置关联	•••	需要审视不同类型的关联关系，并置搭配，主类型与辅助类型并置关联
6	冲突关联	•••	有差别有冲突的类型对比：公共交通空间穿越主题商业空间，室内与室外、地上与地下，古朴、幽静空间与喧闹串堂相连；地域文化背景的联系与对比，欧化局部要素与中式空间要素对比组合，传统特色空间与时尚空间对比

案例赏析：《纽约Prada旗舰店设计》是OMA设计事务所作品。在此设计中专卖店的商业功能被划分为一系列不同的空间类型和体验。专卖店？博物馆？街道？舞台？提供了可以进行多种活动的空间。普拉达旗舰店通过街道穿过、交通空间与商业空间交叉的类型并置，引入文化性、公共性：台阶上摆着普拉达鞋，顾客可在此挑选鞋子，坐下休息，台阶则可以变成坐席——生成"鞋剧场"（图4-23至图4-26）。

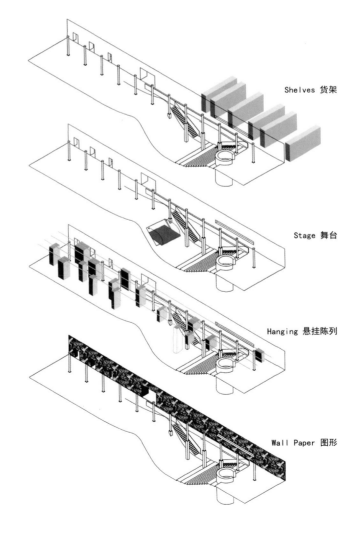

Shelves 货架

Stage 舞台

Hanging 悬挂陈列

Wall Paper 图形

图4-23 OMA设计事务所作品：纽约《Prada旗舰店设计》空间模型图解

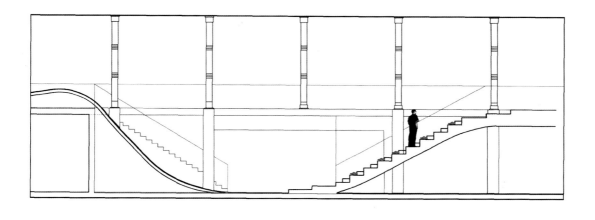

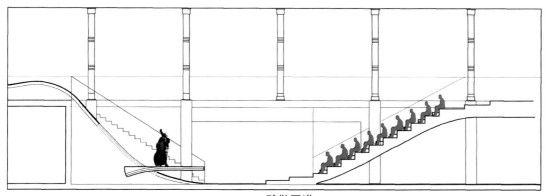

Event Section 疏散甬道

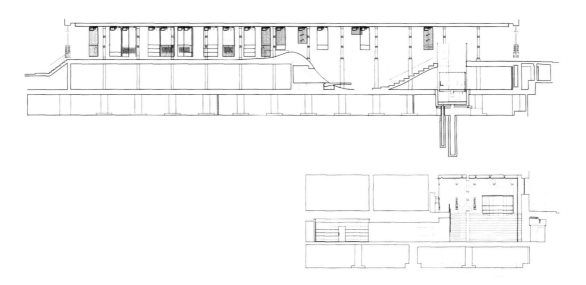

图4-24 纽约Prada旗舰店剖立面和立面图：重点设计"鞋剧场"的一个多功能展示与表演空间

图4-25 纽约普拉达旗舰店主场景空间透视

图4-26 "鞋剧场"空间透视

习题和作业

1. 理论思考

（1）简述类型和类型学概念。

（2）简述商业的集聚和形态要点。

（3）请举例简述餐厅空间主要类型特点。

（4）请举例简述发屋店空间布局特点。

2. 实训操作课题

实训课题1

课题名称	小商铺空间的类型图示练习
实训目的	学习室内空间类型图示表现方法，训练对空间类型的主要特征认识和快速把握能力
操作要素	依据：教师选定的5个小商铺建筑平面图和空间照片，作为设计分析素材 图解：SketchUp白模，可以是手绘透视表现，Photoshop绘制类型图示
操作步骤	● 步骤1：依据建筑平面图、实景照片，完成SketchUp白模，不要材质贴图 ● 步骤2：渲染导出二维图，空间鸟瞰、转换视角，形成系列图片 ● 步骤3：Photoshop绘制类型图示，即对室内平面布局图归纳抽象 ● 步骤4：Photoshop简单修图排版，在Word文件中插图并附100字说明，上交电子稿
作业评价	● SketchUp白模结构和画面是否完整 ● Photoshop绘制类型图示是否充分表现了类型结构特征 ● 制作是否精细（图4-27）

实训课题2

课题名称	同一建筑平面图的不同类型布局设计
实训目的	通过对同一空间的不同用途布局设计训练，提高快速表现能力
操作要素	依据：教师指定的小空间平面图，作为布局设计分析素材 图解：CAD、Photoshop绘制类型图示，可以是手绘透视表现
操作步骤	● 步骤1：研究办公、餐厅、服饰店的空间使用功能和常用布局类型，绘制售楼处、餐厅、服饰店平面布局图 ● 步骤2：Photoshop绘制图底关系图示、公共空间图底、空间动线图示 ● 步骤3：完成三个类型图示分析，即公共与私密、前场与后场、空间疏密关系 ● 步骤4：在Word文件中附图和文字说明、排版，交电子稿 ● 拓展练习1：对三个不同类型空间立面和设施要素归纳与分析 ● 拓展练习2：选择有平面图的过程案例照片，通过建模，还原设计过程，分析空间类型设计特色（图4-28）
作业评价	● 功能布局是否完整合理 ● 空间动线图示是否精炼 ● 制作是否精细（图4-28）

3. 相关知识链接

（1）汪丽君. 建筑类型学[M]. 天津：天津大学出版社，2005. 类型学的概念及建筑类型学：原型类型学、范型类型学、第三种类型学，类型设计与形态生成法则等章节。

（2）沈克宁. 建筑类型学与城市形态学[M]. 北京：中国建筑工业出版社，2010. 定义与历史：理论的建构，类型学与设计方法：实践的建构篇章。

（3）卫东风. 商业空间设计[M]. 上海：上海美术出版社，2013. 商业形态、商业空间类型、商业空间设计等章节。

4. 作业欣赏

（1）作业1：《小商铺空间的类型图示练习》（设计表现：武雪缘，俞菲等/指导：卫东风）

作业点评：作业通过对相关建筑平面结合工程照片的建模、平面形态图解，学习室内空间类型图示表现方法。课题训练可以帮助学生透过环境表象，研究类型特征，快速把握整体布局图形，提高空间规划能力（图4-27）。

（2）作业2：《同一建筑平面图的不同类型布局》（设计：杨雯婷，李丞/指导：卫东风）

作业点评：对同一建筑平面图的不同类型布局设计，生成截然不同的售楼处、餐厅、服饰店平面。以圆形、折线、偏角线为布局标志图形和类型特色，生动流畅，定位准确。完成作业的过程也是学生对类型差异和类型设计的体验过程（图4-28）。

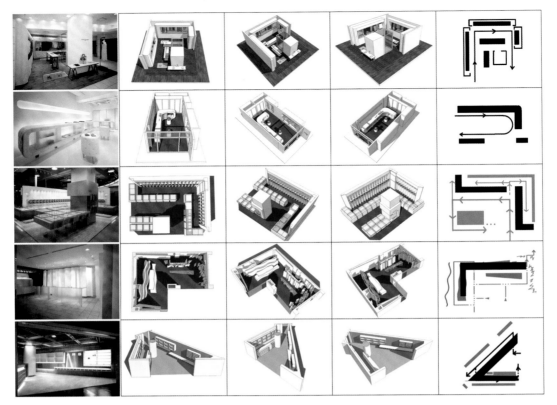

图4-27　小商铺空间的类型图示练习

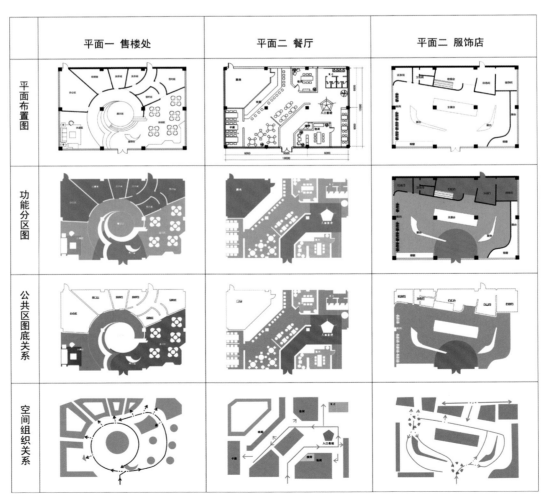

图4-28　同一建筑平面图的不同类型布局

第5章　屋中屋设计

课前准备

请每位同学准备A4白纸2张，依据第3章中次序结构概念，默画生活中所见到的室内空间的包容性形态结构。规定时间为20分钟。20分钟后，检查同学们的草图形态，确定谁的包容性空间形态变化多。

要求与目标

要求：学生从次序结构概念学习中，体会和发现有意味的空间包容形态。

目标：培养学生的专业操作能力，运用空间与形态结构设计概念，学会空间组织和结构创新设计。

教学框架

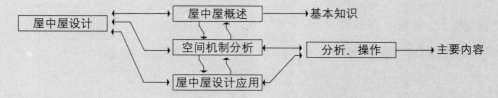

本章引言

屋中屋的建构方式尤其适用于高大和宽阔空间，相比对室内大开间的功能性围合与分割，屋中屋更有变化和富于空间魅力。本章的教学重点是使学生了解屋中屋基本概念、建构机制，屋中屋设计操作策略，掌握屋中屋设计基本方法。

5.1 屋 中 屋

屋中屋是对建筑空间结构次序和组织的重组与创新，是空间建构最具实质意义的内容。其结构形式的造型、体量对空间形式有着最为直接的影响，近年来许多公共空间、商业空间利用屋中屋空间其组织规律来实现各种建构创新，带给人们新颖、丰富的室内体验与感受。在本节中，我们重点讨论屋中屋概念、空间类型和建构机制。

5.1.1 概念

屋中屋亦称屋中之屋，顾名思义，屋中之屋指的是房子中的房子，意思是：大建筑空间单元完全包容另一小建筑空间单元——大房子中包容的小房子，在大房子室内空间中相对独立的有顶有墙的小屋子。

（1）尺寸。这种空间关系中，大尺寸与小尺寸的差异显得尤为重要，因为差异越大包容感越强，屋中屋感也越强，反之包容感则越弱。

（2）剩余空间。大空间中因产生了第二网格，留下了富有动态感的剩余空间。

（3）结构。屋中屋应是可识别的结构和视觉形态，小屋子有相对独立的"屋顶"、"围墙"、"地板"等结构。有两种情况：其一，小空间围合加上小屋顶与大屋吊顶相区别，相互脱离则屋中屋感更强。其二，小空间隔断以及小屋地板与大屋地面相区别，形成屋中屋，相互有高低差则屋中屋感更强。不具备这些要素，则与室内隔墙无异。

（4）方位。当大屋子与小屋子的形状相同而方位相异时，"小屋子"具有较大的视觉吸引力。

（5）形状。当大屋子与小屋子的形状不同时，则会产生两者不同功能的对比，或象征屋中屋具有特别的意义（图5-1）。

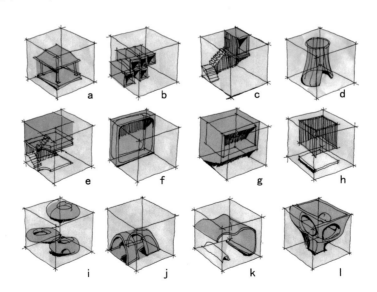

图5-1　屋中屋空间概念图：a包容；b堆积；c悬屋；d帷帐；e半夹层；f嵌套；g嵌套；h悬顶；i 圆屋；j覆盖；k覆盖；l半夹层

5.1.2 传统设计

关于屋中屋的历史，可以在中国古建筑和家具设施中找到，有作为供奉神佛的处所：仙楼、楼阁、佛龛，也有作为百姓生活家具的架子床与拔步床等（表5-1）。

表5-1　中国古建筑和家具设施中的屋中屋

序号	名称	概　念	功　能	结构特征	结构评价	形　态
1	仙楼	通常，建筑的室内以木装修隔成二层阁楼，一般作为供奉神佛的处所，故称仙楼	供奉神佛处所	对于阁楼式仙楼，建筑的室内留有剩余空间、可以站在室内的这个剩余空间看见供奉的神佛以及仙楼的结构	室内包容了仙楼，形成实际上的屋中屋。但这个屋中屋结构还不是完全独立结构，是建筑室内的夹层	
2	佛龛	供奉佛像、神位等的小阁子，如佛龛、神龛等，一般为木制，古代石窟雕刻一般是神龛式，小龛又称楔	供奉神佛处所	造型源于建筑，又精于建筑。我国对于龛、藏、石灯、纪念柱、香炉等小物品，通常是用小型房屋来解决造型问题，有将小物大作的意思	相比仙楼，佛龛也是用来作为供奉神佛的处所，虽不是全尺寸的建筑结构，但却是置于室内完整结构的小屋子	
3	架子床	架子床，汉族卧具。床身上架置四柱、四杆的床，有顶棚，有迎面安置门罩	生活卧具	架子床，汉族卧具；床身上架置四柱、四杆的床；有的在两端和背面设有三面栏杆，有的迎面安置门罩，更有在床前设踏步等	从床身上架置四柱、四杆，有顶棚，有迎面安置门罩，体量较大，符合屋中屋结构的基本概念	
4	拔步床	又叫八步床，是体型最大的一种床。拔步床为明清时期流行的一种大型床	生活卧具	独特之处是在架子床外增加了一间"小木屋"，形体很大，床前有相对独立的活动范围，虽在室内使用，但宛如一间独立小房子	作为百姓卧具的架子床与拔步床，其形状、与大尺寸室内的空间关系，是中国古建筑室内中真正意义的屋中屋	
5	暖帘	御寒的帘幕。北宋《清明上河图》中就已经出现了各种形式的暖帘了	分隔空间屏障物	包括：帘幕、帐、幕、幄、幔等，屏障物功能；悬挂在建筑物屋檐下和室内的织物形式；依附于建筑和室内空间	暖帘是观念上的墙。能够限定空间，而且能灵活地分隔空间，当然它也是临时性的，可更换的，随时可以除去的	

5.1.3　当代设计

近年来许多公共空间、商业空间利用屋中屋空间其组织规律来实现各种建构创新，带给人们新颖、丰富的室内体验与感受。日本建筑师毛纲毅旷设计的"反住器"建筑，以三个立方体的包容结构方式套接在一起，最里面的立方体是起居室和餐厅空间，立方体之间的空隙则是类似于走廊、楼梯等的交通空间。美国建筑师翁格尔斯设计的德国建筑博物馆，通过在建筑内部建造了一个纵向贯通的"屋中之屋"，以及在建筑背面展厅设了一个正方形的中庭，从而产生出包容状的空间效果。

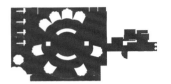

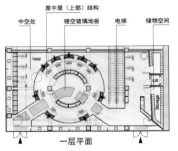

图5-2 GEOX Madison Avenue旗舰店一层和负一层平面图、图底关系图

屋中屋的建构方式尤其适用于高大和宽阔空间，相比对室内大开间的功能性围合与分割，屋中屋更有变化和富于空间魅力。通过屋中屋设计研究，展开可能性的探索，寻求可能的空间形式。分析研究屋中屋空间建构的设计过程，从认知到体验，从形态分析到结构分析，从理论梳理到实践操作，通过对屋中屋的空间类型、空间建构研究，对屋中屋的谱系、发展、类型进行梳理，在实践研究的基础上对屋中屋的建构、形态、细部处理等和空间意义归纳总结，继而试图结合当代设计的新观念、新材料，推动空间组织与建构创新（图5-2至图5-6）。

图5-3 GEOX Madison Avenue旗舰店室外透视，可以看到屋中屋的上部空间结构

图5-4 GEOX Madison Avenue旗舰店屋中屋上层空间透视

图5-5 GEOX Madison Avenue旗舰店完整"球形"屋中屋透视

图5-6 GEOX Madison Avenue旗舰店室是一个将底层与负一层相互镂空的建构，屋中屋"盘踞"在大梁上

5.2　空间机制分析

　　屋中屋的空间类型与结构特点，包含了次序结构的重叠、包容、序列式和等级式，这种空间关系中，包容感、尺寸和形状、结构特征都有着特别的意义。在本节中，我们重点讨论包容、尺寸、形状对屋中屋空间建构和质量影响。

5.2.1　形式特征

1. 确定性与灵活性

　　传统建筑、现代主义建筑设计，空间形式具有某种规定性，只适合某种特别的功能布置类型的"确定性"空间。而当代新空间设计，空间形式具有某种弹性，可以应对更多的功能需求的"灵活性"空间。从空间设计方法看，前者，属于"专用性"；而后者，则是"通用性"、"可适性"、"可变性"设计法。

2. 灵活性是屋中屋空间形式的重要特征

　　（1）在总体规划和总平面设计中的主线节点上，"灵活"设置单体"屋中屋"以适应场地的"通用性"、"可适性"、"可变性"。依据主要流线设置不同性质的空间区域，考虑到封闭与开敞的共享与私密、采光与围合关系、可生长性空间变化的调整、底层与上层空间的关照性、室内外的联系性等。

　　（2）在主要空间节点上，屋中屋的尺度、朝向、高低、立面倾斜度都有不同程度变化。方向旋转、拱起与架空，高低起伏，体现空间形态的组合与意趣（图5-7和图5-8）。

　　（3）以独立围合单元体空间形态建构，围合形式灵活。（顶地）+（一面墙）的三面空间围合，或者（顶地）+（两面墙）的四面空间围合的单体"屋中屋"。

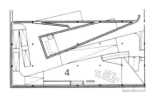

楼层平面图·剖面图
比例　1：1250

1　入口
2　投影空间
3　展览空间
4　咖啡店／商店

图5-7　"悬挑"建构的屋中屋平面图

图5-8　"悬挑"建构的屋中屋，底层空灵，富于视觉冲击力和空间意趣

5.2.2　空间组织

1. 多重性是屋中屋空间组织关系重要特征

　　屋中屋的空间生成过程，是从稳定静态空间结构转向动态空间结构的过程，原有建筑室内空间的稳定结构和秩序瓦解，生成了更多的差异性、多重性组织结构和复杂状态。

2.流线设置弹性化

屋中屋和大空间内的流线设置是不定形的、弹性的。大区块间有散点布局的交流空间的柔性填充，其交通流线可以依形变化。交通流线可以"渗透性"穿过区块内部，使区块空间彼此相互关照，更方便空间使用。大空间室内与屋中屋的关系策略彼此既区别又联系，使得整体空间结构疏密有致，相得益彰。

3.外紧内松的区块间关系策略

屋中屋区块间的关系无论是高到顶部的墙体，还是半隔断，区块形状不同，大空间室内与屋中屋的外部"边界"是包紧的结构，有明确的闭合边界。而在屋中屋的外部"边界"包裹住的内部，其布局和小流线是弹性化、松弛的、相对随意变化的可适性组合空间。

5.2.3 空间操作机制

空间操作机制问题是室内设计中首要问题，只有找到有别于以往的空间操作机制，才能够取得新的设计成果。建筑空间设计操作包含了空间要素和空间操作机制的结合。这其中，空间要素问题是显性的，而机制问题则相对隐含。它不是设计操作的直接对象，而更多地体现了其背后的一些因素影响和相互关系。

1.两类空间操作机制

在建筑空间设计中有两类空间操作机制：一类是多种设计因素的影响相互匹配，共同作用，反映为同一空间操作要素同时兼顾和满足多项设计因素的要求的"紧密型机制"。另一类则是多种设计因素的影响相互分离，各自作用，反映为不同空间操作要素分别独立地满足单项设计因素的要求的"松弛型机制"。屋中屋之空间操作机制属于后者。

2.屋中屋采用松弛型机制

在学院派的建筑设计传统中，轴线式的形式控制有着非常强烈的影响，强调构图的问题，包括主、次轴线在内的一系列复杂的轴线式构图方法。屋中屋的建构可以充分兼顾到多种使用要求，借用异质、繁殖和断裂特性，把各种各样的目标和目的归纳起来，创造新机制关系与新空间形态。

5.3 屋中屋设计应用

屋中屋设计是对建筑空间条件的再利用和创新使用，涉及空间属性和功能设计细化、视觉设计与体验等方面。形状的变异，表现了统一空间和平面形态丰富性和多元化，层叠的结构，更多地满足多重使用目的。在本节中，我们重点讨论基于建筑高大空间与相对低小空间的屋中屋设计方法。

5.3.1 高大空间建构

"高大空间"的"高"是指楼层高度，"大"是指楼层的平面开间和进深，即开阔度。楼层共享空间的高度是"高大空间"的重要指标。建筑物室内具有超出一个基本楼层高度，达到两个楼层高度（比如楼层平均高度为3m，两个楼层约为6m）的空间条件，且楼层平面有一定的开阔度，均可视为具有"高大空间"要素的空间条件。空间越高、越宽敞，越适合于屋中屋规划和建构。

1. 夹层建构

高大空间建构的功能性需求表现为做夹层。夹层概念：处于另外两层之间的层，双层的中空或夹着别的东西。建筑夹层也称之为在原有空间的地面到顶部之间，加出一个楼层。夹层建构首先是基于空间分割的功能性需求，在高大共享空间中加建一个类似于夹层的屋中屋结构。不同于普通夹层结构概念，以夹层建构的屋中屋空间，其夹层平面必须至少有两个边留出中空、镂空空间，如果是一个边空开，只是普通夹层结构。而有两边或三个边与原建筑空间相脱离，留出剩余空间，方能够产生屋中屋的视觉形态感（图5-9和图5-10）。

2. 堆积建构

堆积概念：把事物堆集成堆，集中成堆放置。通过堆积建构屋中屋，也是在高大共享空间中加建屋中屋结构方式。通常是基于原有空间设施的堆积加高，如在原有平面中设施的顶部加建新空间，在设施侧面加建楼梯交通，屋中屋形态似单元体空间的积木式和塔式加建。威尔金森建筑师事务所设计的TBWAChiatDay和慈善总部办公空间都是在大空间中通过"堆积"完成屋中屋建构的（图5-11）。

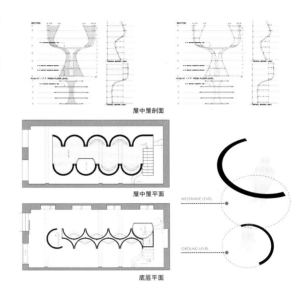

图5-9 Sameep Padora and Associates：CREO平面，将夹层空间的两侧镂空构成屋中屋形态

图5-10 Sameep Padora and Associates：CREO "夹层" 建构的屋中屋透视

图5-11 Clive Wilkinson设计的TBWAChiatDay，在"大棚"空间中的"堆积"建构

3. 悬挑建构

悬挑概念：建筑专业术语，建筑构件利用拉索结构或其他结构达到的一种效果。部分或全部建筑物以下无支撑物，给人一种不稳定感。屋中屋悬挑建构与悬挑梁的概念有些接近，在共享空间中，利用结构框架支撑建构，"盘踞"在过梁上的屋中屋，底部无支撑柱，高高悬起空中。悬挑建构的屋中屋形体空灵，视觉冲击力最强（图5-2至图5-6、图5-12至图5-14）。

图5-12 纽约STEUBEN旗舰店建筑平面和空间图解

图5-13 纽约STEUBEN旗舰店，底部无支撑柱，悬挑"盘踞"在过梁上的屋中屋

图5-14 纽约STEUBEN旗舰店二层透视

5.3.2　低小空间建构

"低小空间"的"低"是指楼层高度，没有超出一个基本楼层高度（比如高楼楼层平均高度为3m，底层裙楼楼层高约为4.5m）的空间条件。"小"是指楼层平面有一定的开阔度，但不是太大，均可视为具有"低小空间"要素的空间条件。虽然空间越高、越宽敞，越适合于屋中屋规划和建构，但是在有高度限制、有开间、有进深限制的普通空间内，仍然可以通过屋中屋设计达到丰富空间形态的目的。低小空间建构受到层高限制，空间本来就不够高，屋中屋的围合和"顶部"又都不能太低，因此要在制造空间视错上做文章。

1. 嵌套建构

嵌套是指在已有图像或结构中再加进去一个或多个图像或结构，这种方法就叫做嵌套。对待室内立面改造，通过嵌套一个凸起结构——在水平视线的立面空间上凸起一个有独立的地板、高框和顶部的半间房，屋中屋感最强。虽然原有实际使用面积不一定能够得到增加，但空间形态丰富了。还有，如对小空间做一个假屋顶嵌套，生成屋中屋（图5-15至图5-23）。

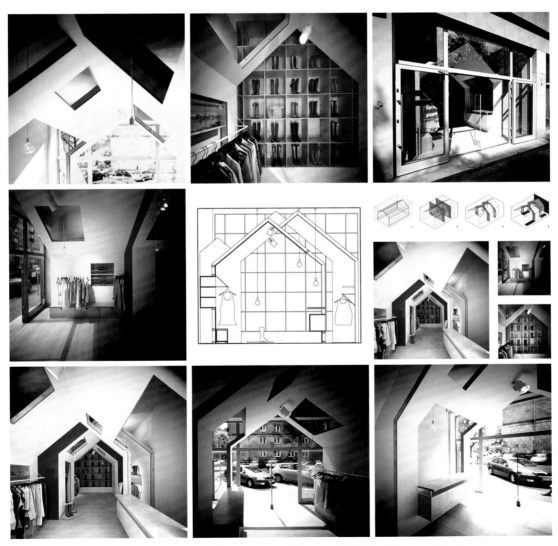

图5-15　波兰华沙Fiu Fiu Boutique服饰店，对小空间做一个假屋顶嵌套，生成屋中屋

图5-16　日本ISHIGAMAYA　HAMBURG餐厅室内借助"屋顶"造型，在狭长空间内营造温馨、聚气的屋中屋

图5-17　日本ISHIGAMAYA　HAMBURG餐厅室内屋中屋的端头"开窗"细部设计

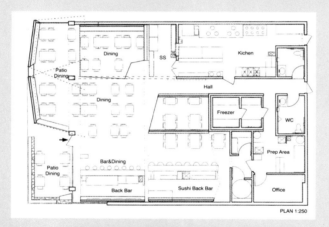

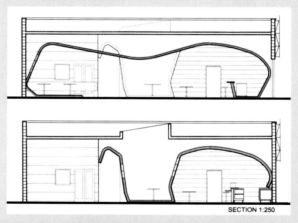

图5-18　洛杉矶NATALEE　THAI餐厅设计平面图

图5-19　洛杉矶NATALEE　THAI餐厅设计剖面图，通过连续折面生成屋中屋顶壳形态

图5-20　洛杉矶NATALEE　THAI餐厅室外透视：表现嵌套状屋中屋完整形态

图5-21　洛杉矶NATALEE　THAI餐厅室内金属顶透视

图5-22　洛杉矶NATALEE THAI餐厅室内透视：顶面与立面的衔接过渡

图5-23　洛杉矶NATALEE THAI餐厅室内透视：折叠状态的顶面细部

2. 占角建构

占角概念：在原有空间功能划分中，将角落空间、零碎空间、辅助空间作为屋中屋空间占用。公共空间和私密空间区分建构，在给予公共空间充分面积的情况下，将功能空间、私密空间、角落空间的外部封合，生成屋中屋。因为，如果是居中建构，有些剩余空间不好充分利用，会造成空间浪费，而占据一边一角，空间紧凑。

3. 挂落建构

挂落多指中国传统建筑中额枋下的一种构件，常用镂空的木格或雕花板做成，也可由细小的木条搭接而成，用作装饰或同时划分室内空间。对于小空间通过挂落建构一个有围合结构但围合隔断不落地的屋中屋形态，还有些类似古代的暖帘（图5-24和图5-25）。

图5-24　对于小空间通过挂落建构一个有围合结构、悬挑的屋中屋形态

图5-25　悬挂装置与立面画绘结合的装饰屋中屋形态

5.3.3 设施空间建构

室内设施包括：基本设施，如建筑楼梯、水电暖通、弱电、基本照明、卫生间、安全设施、停车场等。营销设施，如重点照明与艺术照明设施、家具设施、导向信息设施，多媒体设施、接待设施，无障碍设施、试衣室等。功能设施、展示设施、家具设施在室内空间中的体量较大，通过"屋中屋"化设计，可以使设施结构与整体空间风格相统一，在满足功能性的同时，有机协调，参与到空间创造中来，成为空间建构亮点。

1.功能设施建构

功能设施是指室内交通设施，如楼梯、试衣间等。楼梯是设计重点，针对楼梯的景观化处理：对楼梯的位置设置、流线梳理、楼梯结构、扶手、材质表皮的精细化对待。通过对室内交通和辅助功能空间的"外壳"塑形，立面闭合、顶部连接，生成功能性屋中屋，丰富空间形态，成为空间视觉中心（图5-26至图5-29）。

图5-26 Red Town Office室内设计，将楼梯设施包裹成一个特异"屋子"形态，生成空间标志物

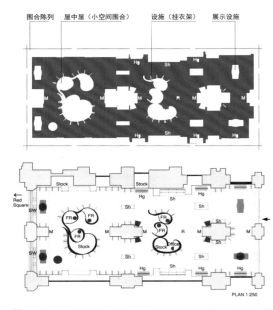

图5-27 MOSCHINO MOSCOW服饰店平面图和图底关系图

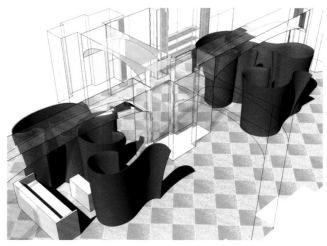

图5-28 MOSCHINO MOSCOW服饰店空间鸟瞰图，通过对试衣间的屋中屋化，丰富活跃空间

图5-29 MOSCHINO MOSCOW服饰店室内透视，红色卷曲面试衣间成为空间视觉中心

2. 展示设施建构

展示设施是指室内展示设施，如视觉中心装饰、空间展示设施等。通过对重点空间界面和结合部、展示设施的塑形，包括建构独立的关联结构、设施连体结构和顶部结构，生成屋中屋形态（图5-30和图5-31）。

3. 家具设施建构

家具设施是指室内家具设施，如隔断和圈座设施等。室内空间通过家具布置，才能体现出室内特定的功能与形式。合理的家具设计可以有效地改善空间质量，突出主题氛围。在诸如餐厅空间中，具有接待、等待服务作用和临时歇息功能的餐厅休息等待区、用餐区设置相对私密的不同围合空间，可以是"半屋"结构的圈座卡座，生成变化丰富、富于空间趣味且形式多变的屋中屋（图5-32和图5-33）。

图5-30　日本VENCE EXCHANGE服饰店室内廊道是屋中屋展示

图5-31　日本HUMOR SHOP店室内可移动式"屋形"式服饰展示架

图5-32　Fabbrica Bergen比萨饼店的火车箱式半私密"包间"屋中屋结构

图5-33　日本ISHIGAMAYA HAMBURG餐厅室内装饰性的屋顶和圈座设计

习题和作业

1. 理论思考

（1）什么样的空间结构可以称之为屋中屋？

（2）简述屋中屋空间机制特点。

（3）请举例简述高大空间屋中屋建构方式。

2. 实训操作课题

实训课题1

课题名称	屋中屋设计和图解
实训目的	通过对空间次序结构理论认知和实践，训练空间与形态结构创意设计能力
操作要素	依据：教师挑选200m²左右的餐厅室内平面图，作为设计分析素材 图解：SketchUp建模或手绘草图透视表现，Photoshop绘制类型图示
操作步骤	● 步骤1：功能平面：依据200m²左右的餐厅室内平面图，完成功能布局线描草图 ● 步骤2：建构找形：对餐厅室内平面进行区域切割划分，尝试找形，分析屋中屋的几种可能的建构形式——独立顶地围合、半独立顶地围合、隔断与家具围合 ● 步骤3：统筹空间形态；依据个人分析和草图，Photoshop绘制类型图示 ● 步骤4：Photoshop简单修图排版，在Word文件中绘制表格、插图，上交电子稿
作业评价	● 屋中屋建构与组织是否合理有序，空间利用是否可行 ● 前后场关系和主次、动线是否顺畅 ● 制作是否精细（图5-34至图5-39）

实训课题2

课题名称	屋中屋模型设计
实训目的	通过屋中屋概念模型制作，关注和思考空间建构的结构、材质、质量、效果问题
操作要素	依据：教师指定的建筑平面图，作为空间创意设计场地 材料：1~2mm厚纸板、美工刀、502胶水、绘图用具；可移动灯具、照相机
操作步骤	● 步骤1：依据200m²左右的餐厅室内平面图，完成功能布局线描草图 ● 步骤2：研究相关空间使用功能和常用布局类型，SketchUp建模或手绘透视草图 ● 步骤3：制作空间底板和墙体模型；制作屋中屋模型，纸板、放样、切割、粘接 ● 步骤4：屋中屋位置调整；模型照明，观察空间光影效果和虚实关系 ● 步骤5：模型制作过程拍照，记录一片片结构连接和空间生成过程 ● 步骤6：在Word文件中附图和文字说明，排版，交电子稿
作业评价	● 建构与组织是否合理有序，空间利用是否可行 ● 制作是否精细（图5-40）

3. 相关知识链接

（1）[美]程大锦．形式、空间和秩序[M]．刘丛红译．天津：天津大学出版社，2008．第三章形式与空间、第五章交通。

（2）詹和平．空间[M]．南京：东南大学出版社，2011．第三章"次序结构"关于重叠与包容的概念。

4．作业欣赏

（1）作业1：《屋中屋设计和图解》（设计：张龙祥/指导：卫东风）

作业点评：餐厅空间设计，对有限空间的功能性划分，通过折线组合将几个区域联系在一起。其中，规划设计了三个特色屋中屋：①明厨与结算台套叠结构；②右侧的斜角子母屋套叠结构；③左侧框形连顶的双人座。空间组织安排合理有序，屋中屋形式精巧（图5-34至图5-39）。

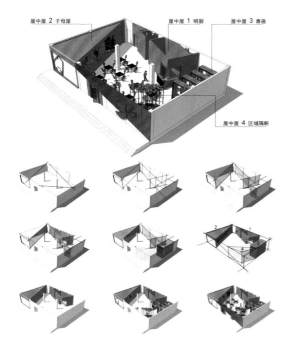

图5-34　餐厅设计，屋中屋规划和生成过程表现

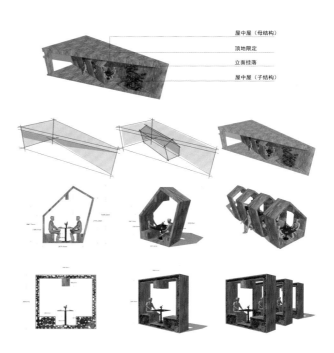

图5-35　餐厅设计，三个屋中屋结构图解

图5-36　室内大空间散座区透视

图5-37　餐厅透视效果。左侧框形连顶的双人座，这是一个"半屋"卡座区

（2）作业2：《屋中屋模型设计》（设计制作：汤秋艳，汪华丽，汪敏/指导：卫东风）

作业点评：在原有空间功能划分中，将角落空间、零碎空间、辅助空间作为屋中屋空间占用。

占角搭建，生成小建筑空间。方形与三角形结合，空间结构安排合理有序（图5-40）。

（3）作业3：《屋中屋模型设计》（设计制作：王克明，王景玉/指导：卫东风）

作业点评：通过挖筑和拓扑建构的手法，研究室内空间屋中屋建构规律。作业对空间组织关系处理较好，剩余空间与屋中屋功能空间有机穿插（图5-41）。

图5-38 左侧框形连顶的双人座"半屋"效果

图5-39 右侧的斜角"子母屋"套叠空间效果

图5-40 通过给屋中屋开洞，加强共享空间与私密空间的相互渗透与关联性

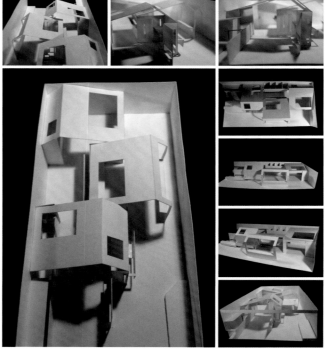

图5-41 相对较大的空间和层高，采用串联交错占位的屋中屋模型设计

第6章 折叠空间设计

课前准备

请每位同学准备A4白纸2张，对折裁开，以自由折叠造型，组织成多种折叠空间形状。规定时间为10分钟。10分钟后，检查同学们的折纸形态，确定谁的折纸空间与形态变化多。

要求与目标

要求：建筑与室内空间设计新理念源于科学观—哲学观—建筑观的渐进转变，学生要关心新科学发展及其对哲学观和认识论的影响。

目标：鼓励学生观察与思考诸如"折叠空间"、"曲面空间"、"孔洞空间"概念和设计操作策略。培养学生的问题意识，拓展创新设计能力。

教学框架

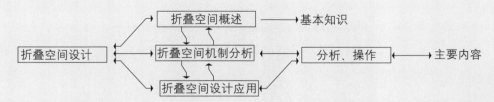

本章引言

自然科学理论的每一次重大发现都会反馈到文化层次——引起哲学意义的探索，从而改变哲学观和认识论。折叠的概念其实际操作方式则是一种数学变换，通过对平面上的点与线进行折叠操作，能创造出出乎意料的空间形态。同时，折叠也创造了界面的变化，重塑了空间。本章中，我们重点讨论折叠空间概述、折叠空间机制、折叠空间设计。

6.1 折叠空间

折叠——数学的变形概念，即一个平面上的点之间有相互的关系，可以用数学表达式表示。折叠是一种面操作，通过面可以生成空间。在本节中，我们重点讨论折叠理论背景、概念和代表性设计。

6.1.1 理论背景

现代数学、物理学及复杂性科学的理论，对当代建筑学有着显著影响。如数学中的"折叠"、"旋转"、"扭转"、"卷曲"、"拓扑几何"、"非欧几何"，物理学中的"相对论"、"量子力学"，复杂性科学的"混沌"、"分形"等。折叠理论，正是基于分形思想（分形几何学）、德勒兹"褶子"思想以及建筑师的折叠理念的实践与尝试。其中包括：分形几何学的非线性、非周期、自相似、自组织的复杂动态美；德勒兹哲学中"褶子"思想的生成性以及多样性、连续性特点，以及通过开洞、撕裂等变换，得到更为复杂变化的空间形态。

分形思想是当代科学对建筑观的影响结果，由传统的欧几里得几何学转向充满复杂性的分形几何，摆脱了物体的定量属性如距离、尺寸等，而青睐于物体的定性属性，如质感、复杂程度、不规则程度、整体性等。对应于欧几里得几何学的传统美学中的比例、尺度、秩序、韵律、对称等美学规律，分形几何中反映出了非线性、非周期、自相似、自组织的复杂动态美。

吉尔·德勒兹的哲学思想是法国20世纪哲学的标志，也是对当代建筑影响最大的哲学之一，"图解"、"块茎"、"褶子"、"游牧"等主要思想是德勒兹哲学最重要部分。德勒兹的"褶子"思想启发了传统折纸对建筑操作方法的影响，并产生了大量的折叠建筑。德勒兹将折叠分为无机的（外在的），直接受到外部的弹力作用折叠弯曲，如山岩的皱褶和有机的（内在的）受到内部的弹力或者说是创造力影响，无穷尽的打褶、延展、进化，如种子的发芽。

6.1.2 折叠概念

"折叠"是来自数学的变形概念。作为一种面操作，当平面折叠以后，在折叠处形成一条折线，平面上点的位置关系发生了改变，但不同点的位置关系仍然能用一定的数学表达式进行表达，由此折叠成为一种创造空间的方法。其要点如下。

（1）基本概念。弯曲，重叠起伏，曲折重叠。

（2）折转分叠。把平面之物的一部分折转和另一部分叠在一起。

（3）面操作。当平面折叠以后，在折叠处形成一条折线。

（4）位置关系。平面上点的位置关系发生了改变，不同点的位置关系仍然能用一定的数学表达式进行表达。

（5）立体性。二维平面折叠后就形成了三维空间。

（6）生成关系。空间以一定的步骤折叠起来，便创造出了某种具有质量的实体，反映了平面—空间—质量的生成关系。

6.1.3 当代设计

　　S-M.A.O.是西班牙桑丘夫妇组建的建筑事务所（代表作PINTO礼拜堂），建筑作品的特色是将观念、空间、建造紧密地联系在一起，折叠是其主要操作手法。他们倾向于一种理性的折叠方式，基于数学模型的计算机操作，通过对折叠线和切割线进行操作，这种系列的折叠操作和几何变换可以按照步骤生成空间。

　　S-M.A.O.的折叠是一种基于拓扑的、形式的和外在的折叠——外部张力给予建筑一种空间的形式特质。PINTO礼拜堂采用的是立体构成艺术（或折纸艺人）常用的"立体折叠"模式，通过对折叠线和切割线进行操作，平面经由立方体再经过针对角和边的一系列空间折叠操作，生成最终的具有几何严谨性的异形盒子。"他们以折叠、物质的隐退、空间的断裂与变化，以及相反力的并置与张拉作为空间操作的表现形式……他们创造的空间几乎被挤压到不可返回的点上，这个点仿佛是空间的界限从一边到另一边的断裂。对于他们来说，抓住一个点，是操控一个空间的手段"（图6-1至图6-3）。

图6-1　S-M.A.O. 建筑事务所代表作PINTO礼拜堂空间模型

　　Giorgio Borruso设计的意大利米兰Zu+Elements服饰店是室内设计中以折叠手法完成的工程设计代表作品，在一个长方体"盒子"空间中，折叠面的断裂、挤压生成的顶墙连续动线，充满张力和节奏感（图6-4至图6-9）。

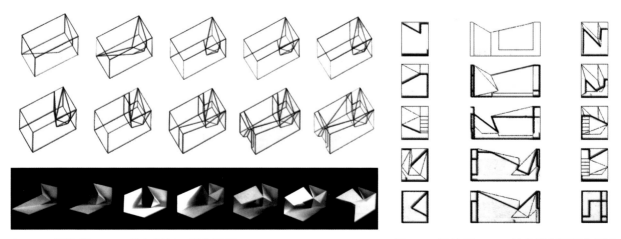

图6-2　马德里PINTO礼拜堂折叠操作图解　　　　　　　图6-3　马德里PINTO礼拜堂剖面结构图示

图6-4 Giorgio Borruso设计的意大利米兰
Zu+Elements服饰店平面

图6-5 意大利米兰Zu+Elements服饰店空间模型

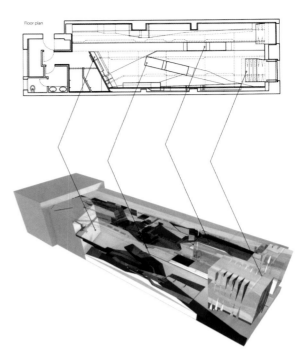

图6-6 Zu+Elements室内以折叠线生成地顶墙连续动线

图6-7 折叠"裂变"的顶部成为环境背景,红白相间折叠展台成为空间主体

图6-8 Zu+Elements沿室内墙壁的服饰陈列

图6-9 Zu+Elements室内中间地带充满张力和节奏感

6.2　空间机制分析

在大自然中，空间是无限的。但是在我们周围的生活中，可以看到人们正在用各种手段取得适合自己需要的空间。在本节中，我们重点讨论变距与变向、螺旋与翻转、控切与切折等折叠空间生成机制。

6.2.1　变距与变向

折叠操作是一种非常强烈的非线性变换，设计中利用折叠所产生的各种不规则的折面，既有变化又有视觉冲击力，通过对体、面的高低、变距、转向及形变产生了一种奇妙的空间。

1.变距与变向概念

变距与变向是指改变规则平面网格中点经纬度和坐标位置，改变布点距离和方向。对二维平面网格点的 X、Y、Z 轴移动，网格线会发生偏移，二维平面由此变为有高低起伏的凹凸面。规则的平面经过了网格化分割并进行变距和变向拉伸后，生成非线性的复杂多面体空间。可见，在形成多面体的规律中，距离和方向起着关键作用。

2.连续折面

变距与变向表面形成空间的一个突出特征是连续，连续折叠即表面经过在三个维度上的连续折叠形成开放性、流动性的空间。在高度方向的连续性和底面的非水平性，并使得围合的空间在流动性的基础上发展出可塑性和延展性，连续折面的不同体块的增加与削切，生成相互交互影响的集合体。

3.设计案例分析

售楼处空间设计：陈榕忻/指导：卫东风。凹凸多面体的体面转折在表皮产生大量的折面，可以使人产生复杂的形体感受。用渐进地削切、折叠等手法，产生大量的面，通过对面上的点进行拉伸、压缩、移动等操作，可以即时地获得复杂的折面体系。室内空间多向性、多点发射的墙面、顶面浑然一体，建筑物内外、功能结构与装饰形式有机结合，折叠面的动感与墙体结构的力量交织融合，形成了连续流动的室内景观（图6-10至图6-18）。

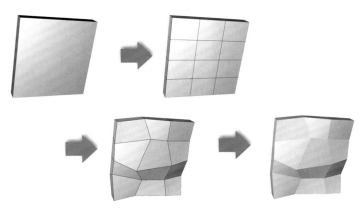

图6-10　变距与变向概念图解

图6-11　以连续折面形成开放性、流动性的空间

图6-12　室内隔断围合的变距和变向，使人产生复杂的形体感受

图6-13　多交通空间的连续折叠空间极富于气势

图6-14　对室内围合墙面的折弯塑造富于变化的双生墙

图6-15　以带状折叠生成连体家具空间

图6-16　对系列矩形面片的渐次折角，生成接待空间的墙饰

图6-17　模型展台的折线多面体，呼应墙面变化

图6-18　通过对面上的点进行拉伸、压缩、移动等操作，可以即时地获得复杂的折面体系

6.2.2 螺旋与翻转

1. 螺旋

螺旋是斜面的变形。螺旋结构是自然界最普遍的一种形状，DNA以及许多其他在生物细胞中发现的微型结构都采用了这种构造。螺旋是自然界常见的一种形态组织方式，并有着精确的数学原理，简单地运用连续旋转操作就可以获得惊人的动感造型。通过对面进行拉伸、折叠、扭曲、切割等操作，螺旋体内部连续不断的表面生成，创造出多变的、有灵性的流动空间。整个空间动线被螺旋体轴心所牵动、挤压和切割，使动线方向折转、跳动而充满力量。

2. 翻转

翻转是使围着或好像围着一个轴旋转的斜面的变形。翻转具有拓扑学性质，是使几何对象受到弯曲、拉伸、压缩、扭转或这些情况的任意组合，变换前连在一起的点，在变换后仍连在一起，相对位置不变。拓扑学关心的是定性而不是定量问题，其重点就是连续变换。拓扑学将动态的连续性概念引入建筑空间，颠覆了笛卡儿几何体系稳定静止的传统空间状态。简单的拓扑变换规则可以生成复杂的空间形态，尤其是以孔洞形式在空间和表面的组织。

3. 设计案例分析

服饰店设计：石桐瑞；指导：卫东风。由室内入口方向向内发展的"轴心"的螺旋体折面包裹服饰店地顶墙，形成一个较为复杂的空间形态。表现为从门面橱窗开始到服饰店最里立面处，横展螺旋体形成多面体立面，螺旋缠绕的墙面相互穿插而生成包裹空间，空间立面呈现出复杂的、富于节奏感的连续性空间。柱子是整个空

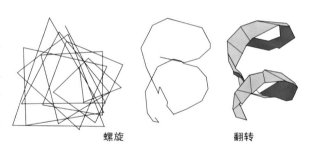

螺旋 　　　　　翻转

图6-19　螺旋与翻转概念图解

间的核心，起着盘紧空间、稳固地顶墙折面结构关系的作用。折叠墙面是横向的螺旋体，起落扭转中表现出流动的节奏与欢快，视觉延展，层次清晰（图6-19至图6-25）。

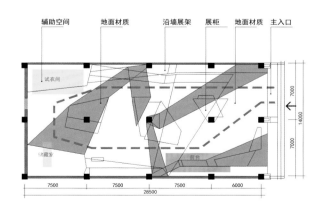

图6-20　服饰店平面布局设计，以柱子为核心盘紧空间、稳固地顶墙折面结构关系的作用

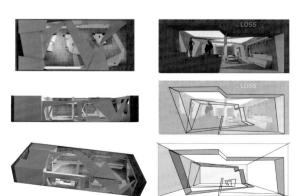

图6-21　服饰店空间模型，由人口方向向内发展的螺旋体"轴心"的折面包裹地顶墙

图6-22 服饰店沿墙空间，通过独立"顶板"结构对陈列区域进行限定

图6-23 斜面背板将立面与顶面连接为整体，生成对空间的包裹状态

图6-24 顶部造型与地面材质同形对应，使得顶地墙紧密"捆绑"

图6-25 顶部造型同时还起到对空间的延展和导向作用（设计：石桐瑞/指导：卫东风）

6.2.3 控切与切折

1.控切

控切是指有计划地开洞切开并折叠，通过开洞，翻折生成折叠空间形态。空间体量感随着洞口的疏密和切口形态而发生改变。面的控切折叠，产生限定性，如有大小、正负、强弱、内收与外放之别。控切法所产生的空间犹如洞式空间，也被称之为"负形建筑"。在建筑实体与虚空间关系处理中，根据使用需求将立面空间"挖"成于实体般的"洞穴"空间，被定义为"负形建筑"，"负形"应被理解为建筑师所追求的"洞穴感"。

2. 切折

切折是指二维面的切口，具有拓扑性质，在切开处的折叠生成三维空间。在切折的空间生成中，界面的内外发生翻转，实体与虚空的拓扑关系使新空间得以显形。切折法所产生的空间被称之为"铸形"。"铸形"关系指建筑师把实体与虚空的关系转变成铸模与"型腔"的关系，即空间显形于实体中如同"型腔"形成于铸模中。建筑师所关心的是通过切折雕琢"模子"与由此而生的空间形状的关系（图6-26）。

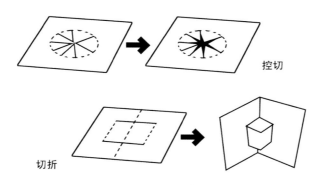

图6-26 控切与切折概念图解

3. 设计案例分析

GRAFT设计事务所作品Hotel Q酒店。踏进酒店，空间结构上下起伏：坚硬的墙体变得分外柔软，家具与地面、墙面连成一片，各部分随着功能的需要在空间内上下起伏、折叠。Hotel Q大堂空间的扭曲就像折纸游戏。从天花板"折"下一部分变成墙面，墙面"折叠"后形成座椅，地面"折叠"后出现吧台，被抬高的地板又化身为桌面，就像是从这房子的皮肤下陡然生出了许多空间，不同的组成部分被有机地"嫁接"在一起，没有界限可言（图6-27至图6-32）。

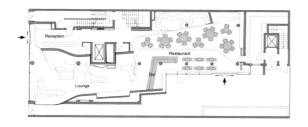

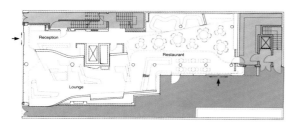

图6-27 GRAFT设计事务所作品Hotel Q酒店建筑平面

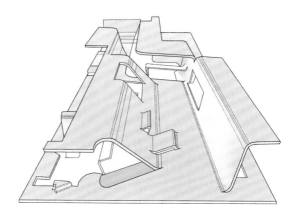

图6-28 Hotel Q酒店建筑空间模型。设计师使用计算机将所有曲面精确地切分成许多不同尺寸的片段，再用钢架和夹板在工厂中逐一预制，然后运到现场，通过一块一块地拼装建造，最后才成为一个完整的结构

图6-29 Hotel Q酒店建筑室外透视，"倒S"状隔断生成两个功能空间

图6-30 Hotel Q酒店大堂透视，控切与切折生成镂空的起伏关系和丰富的空间层次

图6-31 Hotel Q酒店服务台"卷曲"空间

图6-32 Hotel Q酒店大堂坐具"挖筑"生成

6.3 折叠空间设计应用

　　"折叠"对室内空间的操作方式包括：通过对平面布局的偏角折转生成折线布局；连续折叠围合出空间，达到连续变幻的空间效果；表皮自身通过折叠生成具有一定深度的褶皱表皮结构等。在本节中，我们重点讨论折叠空间布局设计、整体空间和空间表皮折叠设计方法。

6.3.1 布局建构

　　折叠空间设计方法包括对基本功能空间布局设计、空间立体形态设计和空间表皮设计。其中，布局建构是对二维平面作折叠形式设置，由平面生成三维折叠空间形态是折叠空间生成设计的第一步。布局建构方法如表6-1所示。

表6-1 布局建构方法

序 号	方 法	概 念	操作要点	操作图解
1	旋转	通过对室内功能平面布局设计的旋转，构成折叠空间的设计操作	● 完成室内功能分析 ● 完成室内平面基本布局设计 ● 旋转平面布局，构成方位折叠 ● 调整布局疏密关系，完成设计	
2	切角	通过对室内功能平面布局设计的切角和归纳，构成折叠空间	● 完成室内功能分析 ● 完成室内平面基本布局设计 ● 合并部分同类型空间布局 ● 切角处理，统一风格	
3	偏角	通过对室内功能平面布局设计的切割、偏角组合，构成折叠空间	● 完成室内功能分析 ● 完成室内平面基本布局设计 ● 切开平面，偏角组合 ● 调整布局疏密关系，完成设计	
4	节点	通过对室内功能平面布局设计的中心、节点折叠造型，构成折叠空间	● 完成室内功能分析 ● 完成室内平面基本布局设计 ● 在节点和重点部位折叠造型 ● 梳理背景与节点关系完成设计	
5	发散	通过发散布局，对室内功能平面折叠设计，构成折叠空间的设计操作	● 完成室内功能分析 ● 设定二个或多个发散点 ● 依据发散点布局并折向呼应 ● 完成发散布局，调整疏密关系	

6.3.2 空间建构

　　依据折叠概念采用面变、削切、翻转、拓扑、挖筑等多种手法生成整体空间、局部空间、家具和设施实体空间。其主要空间建构方法如表6-2、图6-33和图6-34所示。

表6-2　空间建构方法

序　号	方　法	概　念	操作要点	操作图解
1	面变	折叠操作是一种面操作，操作包括从平面到空间的变换以及从空间到实体的转化	● 设定面变区域和功能、效果 ● 设定面变凹凸点和动线关系 ● 对面变区域网格化。经过了网格化分割并进行变距和变向拉伸后，生成非线性的复杂多面体空间	
2	削切	通过对已有的空间形态结构、家具体块"削切"生成不规则三角面，得到解构的折叠形态	● 依据功能需求设计实体形态 ● 对实体形态"削切"解构 ● 基本保持"原型"特征和功能 ● 调整连续折面大小和模数关系确保削切形态渐变和动线流畅	
3	翻转	二维斜面单元体对室内空间的地顶墙表面旋转包裹——螺旋体的空间构成方式	● 设定空间功能区域和设施设计 ● 设定"翻转"轴心和轴线方向 ● 设定翻转斜面基本单元宽窄形 ● 沿设定的轴心设置地顶墙折叠调整连续折面宽窄变化和穿插	
4	拓扑	经过弯曲、拉伸、压缩、扭转的形态，变换前连在一起的点变换后仍连在一起，相对位置不变	● 设定空间功能区域和设施设计 ● 完成实体形态的初步空间规划 ● 设定翻转斜面基本单元宽窄形 ● 连接翻转斜面基本单元，地顶墙方位和正反互换，形态流畅完整	
5	挖筑	通过"挖"切筑构：控切与切折生成空间生成，控切生成洞式空间，切折生成腔体空间	● 根据功能需求设计初步形态 ● 新实体形态与地顶墙关系为互补的相依存联系和正负形态 ● 两个基本形态设置：显示外凸的"阳"形态及内凹的"阴"形态	

6.3.3　表皮建构

　　表皮在细部设计环节中的体量比例最大。表皮是实体，属于某物体的一部分，通常是物体的最上层或最外层，可以是外部覆盖物，如罩子，或者是均匀材料的外界面，如玻璃、铁和石头的外界面。运用数字工具，设计师能为任何形状的表皮赋以各种材质，也能创造出排除了传统的欧几里得建筑语言，不受重力、功能和结构制约的表皮。

（1）以折叠操作的表皮设计。是指表皮自身通过折叠生成具有一定深度和有限维度的表皮结构，折叠表皮使自身同时具有外部和内部的特征。

（2）折叠操作。正像折纸艺术所表现的，一张薄薄的平整纸张，经过各种复杂的折叠步骤，便呈现出某种可辨识的形体。

（3）褶子与褶痕。两者相错，内褶与外褶相交织，构建起褶皱的表皮结构。

（4）模压与折痕对表皮肌理处理最为常用。在空间立面和家具实体外形确定的情况下，通过对立面、顶面和家具表面的折曲处理，形成丰富的表皮肌理。

图6-34操作图解为：

步骤1，完成基本基地折线布局设计；步骤2，空间包裹初步路径设置草图和预想；步骤3，斜面沿预设路径向上伸展；步骤4，流畅性与动线设计，调整包裹面的衔接、大小、方位、厚薄、覆盖、扭转、渐变，完成折叠空间总体设计。

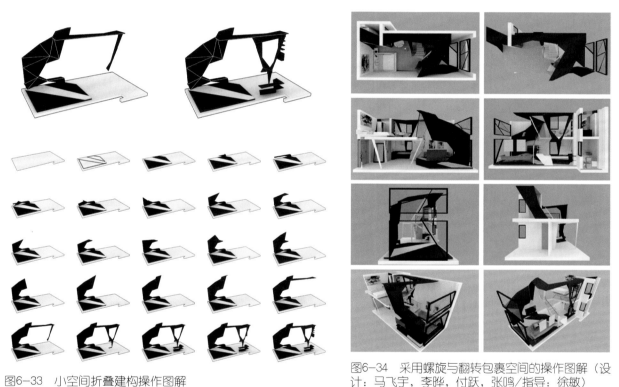

图6-33　小空间折叠建构操作图解

图6-34　采用螺旋与翻转包裹空间的操作图解（设计：马飞宇，李晔，付跃，张鸣/指导：徐敏）

习题和作业

1. 理论思考

（1）什么叫折叠？

（2）简述变距与变向的要素和手法。

（3）简述折叠空间建构常用方法。

（4）请举例你所见的生活中折叠现象。

2. 实训操作课题

实训课题1

课题名称	切折与挖筑——折叠空间生成
实训目的	通过对面要素切折处理，表现折叠变化的多样性和可能性
操作要素	依据：教师指定的一个建筑平面图和空间范围，设计一个空间切折结构 材料：纸板；工具：剪刀、美工刀、铅笔、尺子、502胶水
操作步骤	● 步骤1：绘制线描草图；尝试对建筑楼梯、门窗、台阶等要素的变形表现，分析切折与挖筑结构和初步形态的可能性 ● 步骤2：纸板上绘直线，切折后线条方向改变，有利于表现切折形态变化 ● 步骤3：纸板切折与挖筑组合与搭接成形，观察变化中的结构与形态 ● 步骤4：通过有规律的切折与挖筑成形，生成直线与折线形态，胶水固定 ● 步骤5：给模型打光，拍照记录，形成系列照片，Photoshop简单修图排版，在Word文件中插图并附100字说明，上交电子稿
作业评价	● 切折与挖筑结构和画面是否完整 ● 是否充分表现了空间与形态折叠特征 ● 疏密关系、光影关系、层次是否巧妙丰富 ● 制作是否精细（图6-36）

实训课题2

课题名称	折叠空间设计
实训目的	通过折叠理论学习和模型实验，训练空间形态创新能力
操作要素	依据：教师指定的一个建筑平面图和空间范围，设计一个折叠空间结构 图解：SketchUp建模或手绘草图透视表现；Photoshop绘制类型图示 材料：卡纸板。 工具：剪刀、美工刀、铅笔、尺子、笔擦、502胶
操作步骤	● 步骤1：设计绘制一个简单空间围合（地、墙关系），绘制家具草图 ● 步骤2：SketchUp建模或手绘草图透视表现折叠空间形态 ● 步骤3：卡纸板切割实验，需制作出一个关联的折叠空间——空间廓型与局部形态、立面关系、面与线关系连续；尝试初步连接，修改结构，固定最终形态 ● 步骤4：作业拍照，简单修图，在Word文件中附上原建筑照片，排版，上交电子稿
作业评价	● 空间形态是否丰富饱满，正负形关系是否设计合理 ● 切折尺度和比例是否合理 ● 空间结构关系、层次是否巧妙丰富 ● 制作是否精细（图6-37）

3. 相关知识链接

（1）任军. 当代建筑的科学之维——新科学观下的建筑形态研究 [M] .南京：东南大学出版社，2009. 科学与建筑关系、立体几何的扩展——多面体几何等篇章，研究丰富的概念图解、空间生成图解、案例操作图解。

（2）[德]马克·安吉利尔. 欧洲顶尖建筑学院基础实践教程[M] . 祈心，等译. 天津：天津大学出版社，2011. 空间、规划、技术篇章：研究空间法则、空间集合、规划图解、动态空间等概念和作业图解。

4. 作业欣赏

（1）作业1：《切折与挖筑——折叠空间生成》（设计制作：王艺璇/指导：卫东风）

作业点评：在限定的空间内，以意向性的建筑要素：楼梯、坡道、隔断等组合和折叠渐变，尝试控切与切折空间变化。作业通过不同角度的光照和阴影拍摄记录空间起伏和意趣，效果很好（图6-35）。

（2）作业2：《折叠空间设计》（设计制作：袁贝贝，许敏霞/指导：卫东风）

作业点评：通过折叠概念和基本方法学习，以不规则三角形为基本单元的连续衔接，构成折叠空间。作业的小空间形态建构的丰富性、完成感以及虚实面变处理较好（图6-36）。

（3）作业3：《折叠展厅模型设计》（设计制作：吴珊莉，徐立可/指导：卫东风）

作业点评：以剪刻和冲孔手法，单元拼接生成模型空间。作业折叠动线有张力，造型简洁，特色鲜明，富于节奏感和灵动感，实体与虚空关系处理、光影与综合形态表现较好（图6-37）。

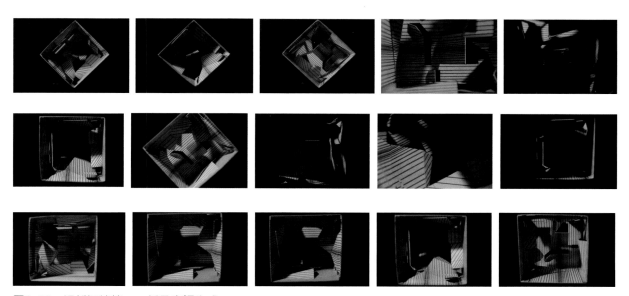

图6-35 切折与挖筑——折叠空间生成

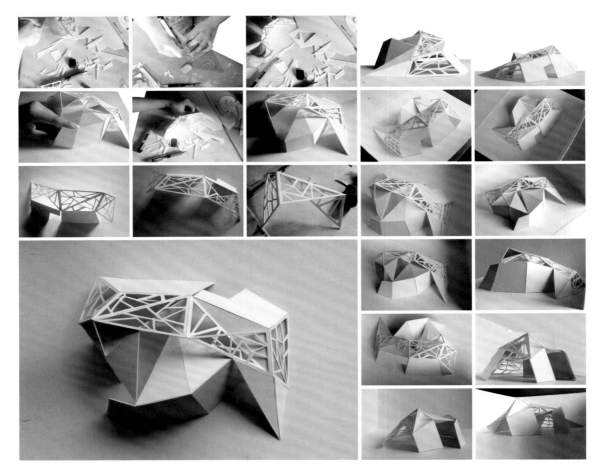

图6-36　以不规则三角形为基本单元的连续衔接，构成折叠空间

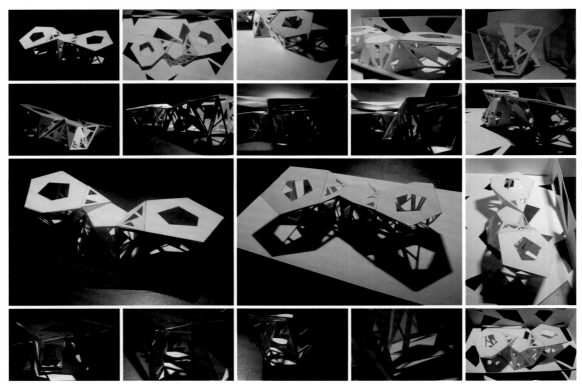

　图6-37　折叠展亭模型设计

第7章 曲面空间设计

课前准备

请每位同学准备A4白纸2张，自备胶水和剪刀。剪切纸片，自由弯曲和围合，组织成多种立体曲面空间形状。规定时间为20分钟。20分钟后，检查同学们的曲面空间形态，确定谁的曲面形态变化多。

要求与目标

要求：建筑与室内空间设计新理念源于科学观—哲学观—建筑观的渐进转变，学生要关心新科学发展及其对哲学观和认识论的影响。

目标：鼓励学生观察与思考诸如"折叠空间"、"曲面空间"、"孔洞空间"概念和设计操作策略。培养学生的问题意识，拓展创新设计能力。

教学框架

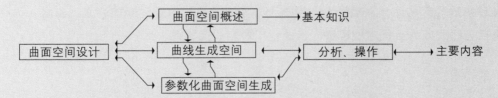

本章引言

当代建筑与室内正向着灵活多样、柔软多维的"软化"倾向发展。曲面、流线、折叠、复杂等已经成为当代建筑和室内设计空间形态的代名词。本章的教学重点是使学生了解曲面空间概念，空间机制分析，曲面空间设计基本原理和基本方法。

7.1 曲　　面

光滑、柔软的曲面和三维流线型形体在建筑造型中日趋普遍，计算机提供的技术仅是实现手段，其深层的观念变化则是基于几何学中空间概念的拓展。在本节中，我们重点讨论曲面空间理论背景、概念和代表性设计。

7.1.1　理论背景

过去的几十年中，由于全球化、数字传媒、非线性科学的影响，建筑学从设计到建造的全过程在很大程度上都发生了决定性的变化。建筑师开始探索当代科学概念下的复杂建筑、数字建筑以及未来建筑发展的可能性。

1. 当代建筑探索表现

（1）可能性的探索。建筑设计在满足功能需求以外开始寻求可能的空间形式：连续、流动、光滑、塑性、复杂、混沌、跃迁、突变、动态、扭转、冲突、漂浮、消解、含混、不定、轻盈，各种探索不断寻求"可能的形式"。

（2）多元化的探索。建筑学在20世纪末出现了多元化的探索，设计不再有统一的标准和固定的原则，成为一个开放的、各种风格并存的、各种学科交汇融合的学科。理论的多元化带来了各种方向的探讨，这其中受科学影响的非线性建筑、复杂建筑和数字化建筑是一个重要的发展方向。

（3）建筑理论的多元化背后是当代多元化的社会价值观与哲学观的变迁。当代科学的思维、方法和成果融入建筑学，使建筑艺术更增添了科学内涵。一些传统建筑学的基本观念如空间观念、时间观念、尺度观念受到质询，在当代表现出非理性的美学观、动态的时空观、不确定性的知觉观等建筑观的改变，正是来源于当代科学挑战传统理论所引起的变化。

2. 建筑与室内形态软化倾向

（1）无论是建筑外观还是室内空间形态，设计师都不断地朝着一种有机的、曲线型、流动型的造型方向上靠拢，这种新的设计思潮早已引起建筑界的重视。世界各国的建筑大师都在积极地探索空间的形态软化功能，在他们的建筑作品中无不表现出了软化的特点。

（2）建筑与室内正向着灵活多样、柔软多维的"软化"倾向发展。室内设计开始寻找一种新的形式来取代传统的几何形体，从观念上和实践上开始逐步向软的空间形式过渡。曲面、孔洞、流线、折叠、复杂等已经成为当代建筑和室内设计空间形态的代名词。

7.1.2　曲面概念

1. 曲、曲线、曲的形态

曲指弯曲。曲线是动点运动时，方向连续变化所成的线，也可以想象成弯曲的波状线。任何一根连续的线条都称为曲线，包括直线、折线、线段、圆弧等。圆弧形曲线：由一个圆曲线组成的曲线称为单曲线。由两个或两个以上同向圆曲线组成的曲线称为复曲线。转向相同的两相邻曲线连同其间的直线段所组成的曲线称为同向曲线。转向相反的两相邻曲线连同其间的直线段所组成的曲线称为反向曲线。

曲的形态：包括圆（椭圆）的饱满、柔和、充实，寓意圆满、终结；抛物线的奔放与速度，象征青春活力、激情；平曲线的流畅、舒缓，给人一种平静、祥和的舒适感受；"C"形曲线的华丽、高贵，波浪线的优雅、浪漫，螺旋线的婉转盘旋等均留给人们无限的知觉享受。

2. 曲面、卷曲、曲面空间

曲面是一条动线，在给定的条件下，在空间连续运动的轨迹。卷曲：是一种面操作，与折叠的最大区别是运用曲面的光滑弯曲取消了折痕，并形成一种动态的连续空间。卷曲操作可以由曲面"卷"的不同方式产生多样性的空间形态。曲面空间：包括平滑弧面围合空间、规则圆弧面的几何空间形态和非规则圆弧面空间的复杂空间形态。

7.1.3 当代设计

当代设计师最具代表性的有：扎哈·哈迪德、格雷戈·林恩等，他们从城市到建筑，从室外到室内，创造了大量曲面空间作品。扎哈·哈迪德改变了我们对于空间的感受方式，她对空间随心所欲的操纵能力是无人能及的，在扎哈·哈迪德的空间设计中界面模糊、地面、墙面等界面的设计都打破了传统的横平竖直的模式，她善于运用曲线来表现建筑或空间的流体性，在扎哈的未来家居设计中利用曲线造型、灯光、多媒体等来软化空间，使空间充满了未来感。哈迪德始终一如既往地钟爱流线型的曲线形态，玲珑的曲线、流畅的线条、有机的形体是她的招牌式构图。当被问到"如果你被禁止使用曲线，你能够表达'未来'的概念吗？"她回答说："没有曲线就没有未来。……（未来建筑）将会和自然界的有机生命体相当类似。"在Roca London Gallery馆，复杂的几何曲面是建筑形体的基本特征，由统一的形式逻辑生成的流线型曲面体建筑，内外空间光滑圆润、动态流畅，呈现出与欧几里得空间全然不同的面貌。整个建筑是针对可塑性、曲线几何形、连续变化和平滑过渡系统的形态学研究（图7-1至图7-5）。

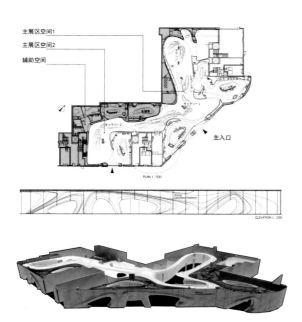

图7-1 Roca London Gallery馆平面、立面和空间模型

图7-2 Roca London Gallery馆展厅透视效果，哈迪德始终钟爱流线型的曲线形态

图7-3 Roca London Gallery馆空间透视，复杂的几何曲面是建筑形体的基本特征

图7-4 Roca London Gallery馆空间曲面与自然界的有机生命体相当类似

图7-5 Roca London Gallery馆表现了连续变化和平滑过渡系统的形态学

7.2 曲线生成空间

我们将曲面形态细分，可以发现有简单曲面与复杂曲面之分，在带有曲面结构设计实践中，"简单曲面"更容易建造和节约材料。在本节中，我们重点讨论规则形态、曲线布局设计和曲线生成曲面空间设计基本方法。

7.2.1 简单曲面

在传统的"形式追随功能"的设计中，我们看到的是简洁的、确定的、明显的、黑白分明等形态词汇，正是由于明确的功能、简洁的轮廓，清晰的结构决定了空间的静态性和明确性，空间形式因缺乏灵活性而导致僵化。曲面空间建构增加了空间形态的更多可能性，使得室内空间形态更加动态可变。

（1）曲面的简单与复杂。曲面有单曲面和双曲面之分，单曲面只有单一方向弧度的内收与外放曲面，而双曲面是由多向弧度曲面的连续弧面。

（2）由曲线生成曲面。由于简单曲面只有单一方向弧度的内收与外放曲面，因此可以由曲线生成曲面，即先确定平面布局中的曲线形态，由曲线定位曲面边界，设定一个高度，生成曲面围合。

（3）简单曲面的水平剖面和垂直立面是规则网格空间，方便工程建造的龙骨排列和饰面铺贴，因此多被建筑和室内工程设计采用（图7-6）。

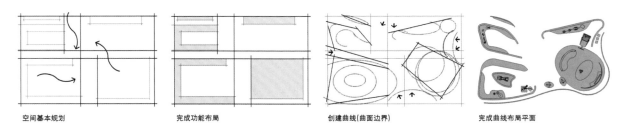

空间基本规划　　　　完成功能布局　　　　创建曲线(曲面边界)　　　　完成曲线布局平面

图7-6 曲线生成曲面空间步骤图解：基本使用规划→功能布局和体块关系→创建曲面边界

7.2.2　创建曲线

（1）完成对空间布局的基本规划设计，确定交通流线和主体空间与辅助空间，确定空间体块关系。

（2）对基本功能平面的区域和动线"集合、牵动、拉伸"，调整疏密关系。

（3）创建局部和节点曲线。局部平面圆曲线、弧线化，

（4）根据创建的局部曲线，利用桥接面、软倒圆等，对前面创建的曲线进行过渡接连、编辑或者光顺处理。最终得到完整的曲线平面。

7.2.3　曲线生成空间设计应用

曲线生成空间的方法包括平面曲线化、矩形线框倒角生成曲线，立面分段（切片）曲线塑形，顶面高度差塑形和连续弧面等。

1. 平面曲线化

（1）区域与区域的连接曲线化。将功能区域的围合线图连接和平滑渐变，得到曲线界面边界基础线。

（2）区块倒角曲线化。矩形线框倒角生成曲线平面：由规则矩形、斜线角形平面线框的倒角生成曲线平面。

（3）区域变形曲线化。对原平面区域形态拉伸、斜角、集合、牵动，曲线化（图7-6）。

2. 立面生成

（1）立面分段（切片）曲线塑形。指水平面错位，弧面叠加，生成类参数化复杂曲面。

（2）弧面立面高低差要拉开。指形成复杂曲面形态（图7-7）。

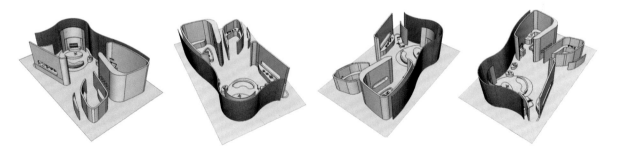

图7-7　使用曲线框"挤压"生成弧面高度的空间模型（设计：姚峰，褚佳妮／指导：卫东风）

3. 顶面生成

（1）顶面曲线塑形。指对顶部条件分析和充分利用，将高低面连续平滑，生成曲面顶。

（2）利用大小渐变和切片堆积，指生成高度差塑形的曲面顶（图7-8至图7-12）。

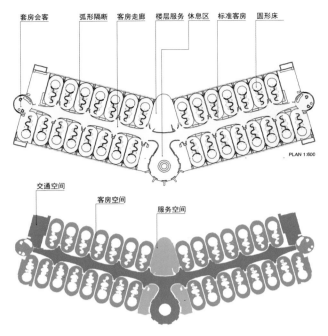

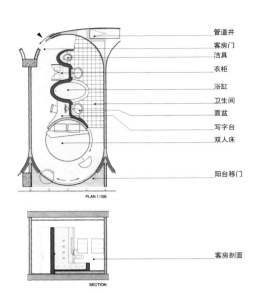

图7-8　RON ARAD酒店楼层平面布局图

图7-9　RON ARAD酒店客房平面布局和立面图。红色曲线隔断生成正负和内外曲面空间

图7-10　RON ARAD酒店楼层休息区。两个规则正半圆形休息座位对接，使用时拉开

图7-11　RON ARAD酒店客房正圆形大床区透视

图7-12　RON ARAD酒店客房卫生间透视，镜映加强了曲面空间的丰富度和层次感

7.3　参数化曲面空间生成

光滑、柔软的曲面和三维流线型形体在建筑造型中日趋普遍，计算机提供的技术仅是实现手段，其深层的观念变化则是基于几何学中空间概念的拓展。在本节中，我们重点讨论参数化设计的理论基础：复杂形态、参数化设计以及参数化曲面空间设计方法。

7.3.1　复杂曲面

相比规则基本形和单曲面的圆弧曲面，光滑、柔软的曲面和三维流线型形体属于"复杂形态"，其理论基础源自于复杂性科学。

1. 复杂性科学

复杂性科学是一个多学科交叉的跨学科研究领域，包含两个方面内容：一是各个学科中的复杂性研究，二是新兴的跨学科复杂性领域。与复杂性科学相关的概念包括系统科学、非线性科学、复杂系统、非线性系统、混沌等。复杂性科学的研究对象——复杂系统的特点见表7-1。

表7-1　复杂系统的特点

序　号	特　点	表　现
1	不稳定性	具有在小扰动（指系统在正常范围内的波动）条件下的不稳定特点
2	多连通性	具有开放性特点，与外界存在的多联系性、对外界刺激的反馈多样性，以及系统本身所表现出的多样态性
3	不可分解性	系统本身自源和自组织特点
4	进化能力	系统中的能动主体与系统本身共同进化且相互作用，如自组织现象
5	有限预测性	并非完全不可预测
6	非集中控制性	受到集中控制的系统被认为是简单系统，以非线性为非集中控制系统基础

2. 建筑领域的复杂性趋势

（1）计算机。计算机已经可以制造和管理复杂系统。

（2）建筑师。建筑师对复杂、非线性的兴趣，在各自的建筑创作中反映。

（3）复杂性科学。从理论的酝酿发展期进入应用与实践的探索阶段。

（4）建筑的复杂性。一是指形式上的复杂性，建筑形态更加复杂的几何形态，复杂流动的曲面、动感塑性的体量、非线性的空间；二是指建筑与城市空间功能性变得无法预知、随时变化、最终使用的不确定性带来建筑空间的复杂性。

3. 复杂形态与复杂曲面

（1）复杂形态。基本形分为规则基本形和非规则基本形。非规则基本形包括规则基本形的变异、扭曲、解构、复એ、多向性面变等。非规则基本形是以一种"无序"的方法来组织各个局部与整体之间的关系，如不对称式构图、呈现动态的不稳定状态。非规则基本形属于复杂形态。复杂性可以划分为两类，即无组织的复杂性和有组织的复杂性。复杂形态属于有组织的复杂性形态，强调形态变异、穿插与复合，看似杂乱却有深层规律可循、非线性的复杂形态。

　　（2）复杂曲面。曲面造型表现出连续性、复杂性和光滑性；复杂曲面具有自然形态特征的塑性形体，如哈迪德流动性的建筑体量；具有数学涵义的曲面形态，如各种最小周期曲面和围面；无规则自由曲面形态。复杂曲面这种空间语言一直都令建筑师着迷，20世纪末随着数字技术的日趋成熟，针对复杂曲面的数字化设计方法也发展起来了。人们用参数化的抽象曲线NURB来建立视觉化的数学模型，自然形体通过计算机编码成为可组织的设计元素。建筑师用计算机精确地控制和调整了曲面形态。数字化的三维模型是形态生成不可或缺的组成部分（图7-13至图7-16）。

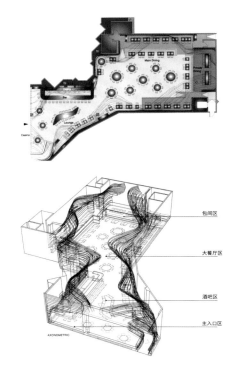

图7-13　拉斯维加斯STACK餐厅总平面图和参数化空间模型图

图7-14　拉斯维加斯STACK餐厅由参数化曲墙切片构成连续扭转、渐变、平滑空间

图7-15　STACK餐厅大厅"峡谷"般波动内聚的曲墙与平面满铺的餐桌呈动静对比关系

图7-16　餐厅包间浅色半圆形卡座配以深木色宽窄渐变、高低起伏的表皮"背景"

7.3.2 参数化设计

1. 参数与参数化

"参数"也叫参变量，是一个变量。我们在研究当前问题的时候，关心某几个变量的变化以及它们之间的相互关系，其中有一个或一些叫自变量，另一个或另一些叫因变量。如果我们引入一个或一些另外的变量来描述自变量与因变量的变化，引入的变量本来并不是当前问题必须研究的变量，我们把这样的变量叫做参变量或参数。"参数化"（Parameterization）在应用学科中的定义，是指对模型中某些变化很快或者很慢的变量用常数代替。

2. 参数化设计概述

（1）"参数化设计"。是一种受参变量控制的设计，即把限制、影响设计的诸多要素数据化，通过建立一种或者几种逻辑规则和关系（算法），借用某种计算机语言进行运算，在计算中建立设计雏形，通过调整、改变参变量的值生成最后的设计结果。

（2）参数化设计实际上就是要找到一种关系或称规则，用这一关系或规则来模拟影响建筑设计的某些主要因素表现出的行为或现象［这里把影响建筑设计的因素看作参（变）量或参数］。进而用计算机语言描述关系或规则，形成软件参数模型，然后通过软件技术输入参量及变量数据信息并转化成图形，这个图形就是设计的雏形。

（3）"建筑参数化设计"（Parametric Design）。建筑的外部影响及内部要求可以看做一个复杂系统，众多外部及内部因素的综合作用决定设计结果。我们可以把各种影响因素看成参变量并在对场地及建筑性能研究的基础上，找到联结各个参变量的规则，进而建立参数模型，运用计算机技术生成建筑体量、空间和结构，且可以通过改变参变量的数值，获得多解性及动态性的设计方案。

（4）与人工操作的过程设计相比，计算机参数化设计实际上提供了一个抽象的造型机器，它可以让设计过程反反复复不断反馈，可以输入不同条件得到多个结果，可以对设计结果进行多次修正，这是人工操作做不到的。参数化设计过程中的规则及描述规则的语言、软件参数模型、参量及变量以及生成的形体都是显形可见的，与传统的设计过程相比，再也不是人脑黑箱生成的不可见过程，相反，它是逻辑化可控的科学设计过程（表7-1）。

7.3.3 参数化曲面空间生成设计应用

1. 参数化设计基础

基础学习的重点：参数化设计软件Rhino操作训练和通过数字编程的参数化形态衍生研究。在Rhino绘图操作演示中，从简单小练习作业到初步接触Grasshopper脚本语言编写，渐渐由陌生、茫然无措到亲近Rhino，在初步操作学习中，对Grasshopper编写"电路图"的参数化形态衍生的逻辑关系有了理性认知。

（1）软件操作基础。指以参数化设计理论与方法、软件操作、脚本编程和结合课题实践操作。参数化设计工具包括GC Maya Rhino等数字设计工具。

（2）参数化设计的主要操作。指曲面建模的相关操作，通过实例演示加深理解，并布置小作业。学习Rhino3软件曲面建模模块中的一些编辑工具放样loft与blend命令在曲面建模中的应用。

（3）相关案例研究和结合课题实践的参数化设计操作，见表7-2和图7-17至图7-22。

表7-2　参数化设计Rhino操作基础练习

名　称	内　容	要　求	图　解
对Rhino一些命令的认识与运用	单轨扫掠、双轨扫掠、网线建立曲面、垂直定位、放样、移点、扭曲、投影至曲面、旋转成型、沿着曲线流动、放样、等高线、成组、扭曲	熟悉Rhino一些常用命令，熟悉Rhino操作界面，尝试简单图形生成表现；按照相关命令操作生成形体，整理汇总	
渐变生成	指定一个或多个控制点，对物体大小、高度进行渐变控制的形体生成练习	● 指定一个控制点，对物体大小、高度进行渐变控制 ● 指定两个控制点，对物体大小进行渐变控制	
旋转生成	对物体进行旋转的控制的形体生成练习	指定所升起物体的Z轴，对物体进行旋转的控制	
覆表皮	指定曲面对其覆表皮的形体生成练习	画一个表皮形状，指定曲面对其覆表皮	
泰森点	依据泰森点生成形体练习	在一定限制里，无规律点所形成的面的生成练习	
开片	对一个平滑曲面摊平，编号操作练习	画一个曲面形体，对一个平滑曲面摊平，编号操作	

2. 参数化曲面空间设计（表7-3）

表7-3　参数化曲面空间设计步骤

序　号	名　称	内　容	目　的
1	研究	研究自然界中微观形态的形式表现，塑造曲形的、象征性的、人性化的、感性的、有机的、不确定的、边缘的、复杂的、自由的，同时也是非线性、连续流动的、不规则的、随机的、非标准的、柔软建筑	对物种自然形态的细胞观察：每一个单元细胞所孕育着新的生命以及多个细胞聚集在一起的形态，这种细胞壁膜的结构存在着类似参数化的排列关系的涌现现象进行解读：组成集群的单体遵守共同的、非常简单的若干规则，最终产生复杂的集群有序行为
2	实验	这是探索可能性的实验，研究参数化设计中的复杂形态，寻求"可能的形式"。研究诸如"块茎流体式形态"，一种形态多变、空间异化的拟像表达呈现复杂性形态	在满足功能需求以外开始寻求可能的空间形式：连续、流动、光滑、塑性、复杂、混沌、跃迁、突变、动态、扭转、冲突、漂浮、消解、含混、不定、轻盈，各种探索如涓涓细流，逐渐汇集成溪流，也可能是一种偶然，是一种随机
3	调查	结合曲面与孔洞项目设计要求，按照课题调研方法展开项目设计的场地调查、路径通行流量、功能分析等列表和信息处理	通过讨论、分析，提出曲面与孔洞参数化设计对场地利用、建造规模、材料选择、形态与构造的初步意象；列表和信息处理，即得到"参数"也是参数化设计的基本条件
4	找形	Rhino"找形"：将所调研得来的数据和一些限制条件，比如场地条件、人的行为、功能定位、日照因素等转换为参数变量，借助Rhino平台上的Grasshopper产生三维雏形	由于这是一个庞杂繁复的搜索过程，需要设计者对相关限制条件进行深入分析和梳理，才能将一系列影响因素转变为计算机建立内置关系所需的数据变量。经过建模草图、讨论、找形确定，在反复试错的过程中完善形态和概念
5	图解	以数据图解、分析图解完成全过程记录。参数化设计，数据是资讯交换的主体，数学的可视化使视觉图像把大量信息集中在一个简单易懂的图形之中，从而寻找隐藏的模式	设计过程中的图形记录和文本须是完整、清晰、衍生、递进的"图链"图式；其工作方式采用"程序、动力、执行"的模式，与传统的设计只注重最终的形象不同，分析图解是对整个分析过程的表现，同时这个过程也变成了设计的一部分

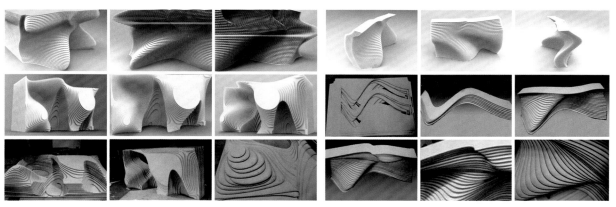

图7-17　参数化曲面空间设计一（设计及模型：李付兰/指导：卫东风）

图7-18　参数化曲面空间设计二（设计及模型：李付兰/指导：卫东风）

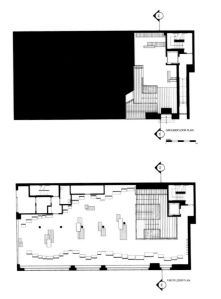
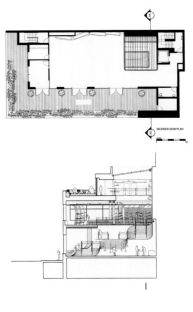

图7-19　纽约La Maison Unique店建筑平面

图7-20　纽约La Maison Unique店楼梯空间参数化曲面设计结构图

图7-21　纽约La Maison Unique店楼梯踏步高度成为曲面渐变的模数关系

图7-22　纽约La Maison Unique店楼梯上下和折转控制"切片"曲面的起伏

习题和作业

1. 理论思考

（1）什么叫规则曲面？什么叫非规则曲面？

（2）简述复杂形态的要素和特征。

（3）简述曲面空间建构常用方法。

（4）请举例你所见的生活中非规则曲面现象。

2. 实训操作课题

实训课题1

课题名称	形态实验——曲面与线的空间生成
实训目的	通过曲面与线的空间生成实验，表现面要素变化的多样性和可能性
操作要素	依据：教师指定的一个建筑平面图和空间范围，设计一个曲面空间结构 材料：纸片、纸板、棉线、美工刀、冲孔刀、绘图工具
操作步骤	● 步骤1：依据建筑平面图，完成平面和功能分析，完成一个曲面二维单元形态 ● 步骤2：分别制作3个或4个大小不一的曲面纸板，冲孔待用 ● 步骤3：给纸板穿棉线，连接单元体，给模型打光，观察空间模型生成的不同变化、光影形态及适宜性 ● 步骤4：拍照，空间鸟瞰、转换视角，形成系列图片，Photoshop简单修图排版，在Word文件中插图并附100字说明，上交电子稿
作业评价	● 结构和画面是否完整 ● 空间布局是否充分表现了曲面形态意趣和结构特征 ● 疏密关系、光影关系、层次是否巧妙丰富 ● 制作是否精细（图7-22）

实训课题2

课题名称	曲面空间设计
实训目的	通过曲墙、曲面设施搭建设计，探索曲面空间设计与表现
操作要素	依据：教师指定的一个建筑平面图和空间范围，设计一个曲面空间结构 图解：SketchUp建模或手绘草图透视表现。Photoshop绘制类型图示 材料：纸板、纸片、502胶水；工具：剪刀、美工刀、铅笔、尺子、笔擦
操作步骤	● 步骤1：绘制布局CAD图、形态和结构草图 ● 步骤2：基本CAD图纸，完成尺寸和切片，待用，生成空间框架 ● 步骤3：组合搭建制作，采用插接方法，组装龙骨和细部切片 ● 步骤4：分步骤拍照，简单修图，在Word文件中附图和文字说明，排版，交电子稿 ● 拓展1：教师指定的一个店铺建筑平面图和空间范围，设计一个曲面空间结构 ● 拓展2：完成功能分析、空间动线、曲墙设计，完成空间效果设计（图7-23）
作业评价	● 沿墙形态与独立曲面结构是否契合，是否完整合理 ● 是否有空间变化意趣 ● 空间结构关系、层次是否巧妙丰富 ● 制作是否精细（图7-23）

3. 相关知识链接

（1）任军. 当代建筑的科学之维——新科学观下的建筑形态研究[M]. 南京：东南大学出版社，2009. 科学与建筑关系、立体几何的扩展——多面体几何等篇章，研究丰富的概念图解、空间生成图解、案例操作图解。

（2）[德]马克·安吉利尔. 欧洲顶尖建筑学院基础实践教程[M]. 祈心，等译. 天津：天津大学出版社，2011. 空间、规划、技术篇章：研究空间法则、空间集合、规划图解、动态空间等概念和作业图解。

（3）[英]菲利普·斯特德曼. 设计进化论：建筑与实用艺术中的生物学类比[M]. 魏叔遐，译. 北京：电子工业出版社，2013. 有机体类比、分类学类比、解剖学类比、生态学类比篇章：研究空间曲面形态、生物曲面形态等概念和结构生成。

4. 作业欣赏

（1）作业1：《形态实验——曲面与线的空间生成》（设计制作：吴珊莉，徐立可/指导：卫东风）

作业点评：以二维曲面形态的重叠组合，辅助以棉线穿插，塑造一个实验性曲面空间。作业创意独特，表现效果好（图7-23）。

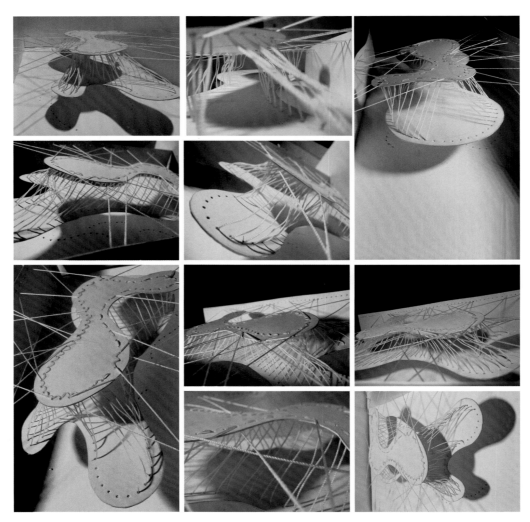

图7-23 形态实验——曲面与线的空间生成

（2）作业2：《书屋——曲面空间设计》（设计制作：赵蕊，周佩诗/指导：卫东风）

作业点评：板片结构是设计特色之一，通过层板插接、线面结合、固定墙体曲面挖筑、独立曲面设施建构生成曲面空间。作业设计构思和制作效果表现灵巧、完整，空间语言纯净（图7-24）。

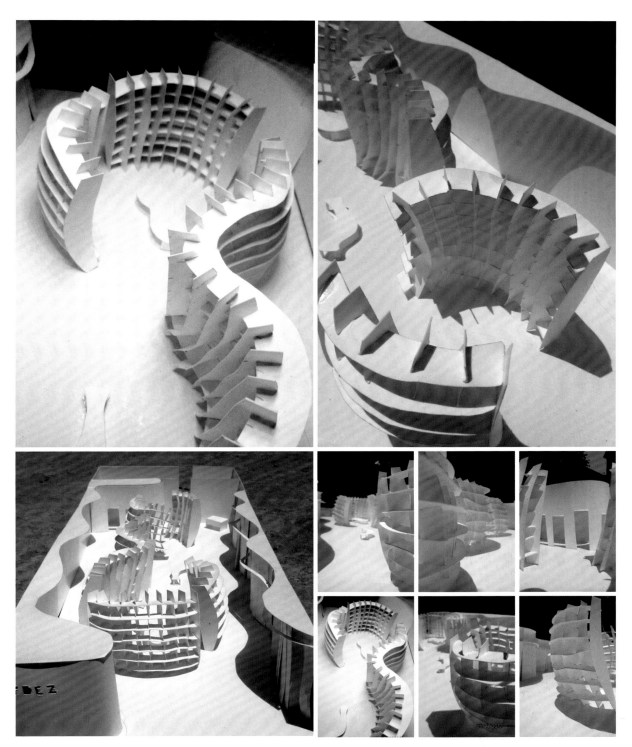

图7-24　书屋——曲面空间设计模型，采用曲线生成空间的方法，包括平面曲线化，单一方向连续弧面立面，水平切片插接结构，空间灵动，建造方便

（3）作业3：《曲面空间——服饰店概念店设计》（设计：张成龙/指导：卫东风）

作业点评：通过服饰店曲面空间结构，研究曲面空间建构和变化规律。作业通过对服饰店基本功能布局并结合曲线和曲面动态生成，表现产品特质和现代空间风格。空间关系流畅，表现充分（图7-25和图7-26）。

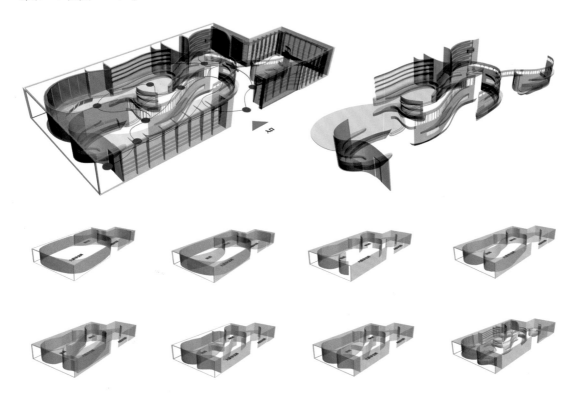

图7-25　服饰店概念店曲面空间生成操作图解：完成功能区域分割→完成围合→设定曲线边界→生成简单弧面→丰富主要空间节点→局部穿插和面变

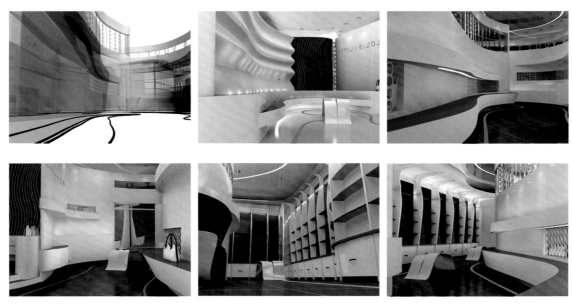

图7-26　曲面空间——服饰店概念店设计。主体曲面空间生成采用了曲线法，包括平面曲线化、矩形线框倒角生成曲线，立面分段（切片）曲线塑形；局部采用3ds MAX NURBS曲面建模，生成独立曲面

第8章 孔洞性空间设计

课前准备

请每位同学准备A4白纸2张，自备胶水和剪刀。随意剪纸和卷曲加工：纸卷、开孔、穿插、组织组合形态。规定时间为20分钟。20分钟后，检查同学们的卷曲与挖洞形态，确定谁的孔洞空间变化多、组合有趣味。

要求与目标

要求：建筑与室内空间设计新理念源于科学观—哲学观—建筑观的渐进转变，学生要关心新科学发展及其对哲学观和认识论的影响。

目标：鼓励学生观察与思考诸如"折叠空间"、"曲面空间"、"孔洞性空间"概念和设计操作策略。培养学生的问题意识，拓展创新设计能力。

教学框架

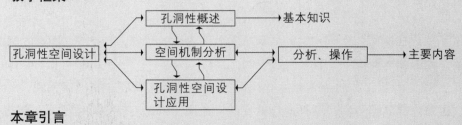

本章引言

对孔洞性现象关注和孔洞性空间研究，丰富了当代新空间设计理论。本章的教学重点是使学生了解孔洞空间基本概念，空间机制和空间设计基本方法。

8.1 孔 洞 性

建筑空间是孔洞存在的意义和物质基础，孔洞同时也是建筑空间存在的价值保证。外界包括大的自然界和小的建筑内部其他空间联系，既包括交通、通风、采光，还包括给排水、供电、供暖等其他功能联系。建筑的孔洞还包括精神层面的作用。在本节中，我们重点讨论孔洞、孔洞性空间理论背景、概念及当代孔洞性空间设计。

8.1.1 理论背景

人类建筑的意义在于建造一个相对独立的空间，而每一个建筑空间都必须与外界联系，这就是孔洞相对空间的基本意义。门窗作为孔洞于建筑的代表，长期以来其功能、形式乃至文化内涵的研究都已经非常成熟。但随着建筑的发展，无论是孔洞的形态还是作用都已超越了传统门窗的概念，更多不像传统意义上的门窗、但也可以完成类似联系作用的孔洞形式出现了。

罗马的万神殿为世代建筑师所膜拜。万神殿之震撼人，主要缘于上方那个圆孔。这个圆孔制造的光影效果，使人对神的崇敬油然而生。模仿它的后作无数，往往也是名家杰作，远至布鲁乃莱斯基、米开朗基罗，近有辛克尔，更有柯布和康。万神殿上方圆孔体现了采光等物理功能和精神层面的作用。

美国建筑师斯蒂文·霍尔（Steven Holl）特别注意到孔洞、开孔、孔洞性的建筑现象学意义。在其理论体系中，"孔洞性"是在现象学背景下出现的一个概念。"作为一种空间品质，'孔洞性'带来的体验不只是来自建筑的物理属性，还是从空间、材料和细部的不断叠加和展示中逐步浮现出来的。"

8.1.2 孔洞性概念

1. 孔、孔洞

孔：小洞，窟窿。孔洞：实体形态的内部有空隙和空腔，或材料结构内有空腔。

2. 孔洞性

斯蒂文·霍尔在他1999年的著作《视差》（*Parallax*）中第一次提出了"孔洞性"（porosity）的概念。"'孔洞性'是一种开放性的建筑品质，通过不同形态开口方式，创造一种建筑内外彼此交融的关系，丰富了用户在视觉、空间知觉和活动感受上的体验。其中，对于身体知觉的考虑，霍尔是通过对于空间、光影和材料的细致表达来实现的。"

建筑空间是孔洞存在的意义和物质基础，孔洞同时也是建筑空间存在的价值保证。外界包括大的自然界和小的建筑内部其他空间，联系既包括交通、通风、采光，还包括给排水、供电、供暖等其他功能联系，甚至还包括精神层面的作用。门窗作为孔洞于建筑的代表，长期以来，对其功能、形式乃至文化内涵的研究都已经非常成熟。但随着建筑的发展，无论是孔洞的形态还是作用都已超越了传统门窗的概念，更多不像传统意义上的门窗、但也可以完成联系作用的洞口形式出现了。

8.1.3 当代设计

随着当代空间数学化的趋势，建筑师借助计算机将越来越多的数学曲面与多孔性结构设计纳入到对建筑空间的探讨之中，如拓扑学的扭结、微分几何的各种流形以及一些特定数学问题的类型曲面，如极小曲面。伴随着建筑界对表面、边界、空间拓扑关系的探讨，极小曲面与多孔性结构逐渐应用于建筑空间的塑造上。名为"Reebok Flagship Store"的商业办公综合体项目探讨了两种功能组织之间的边界条件，利用数学方法生成复杂的空间关系。"Reebok Flagship Store"，借助数学软件来计算和实现不同空间的拓扑转换，产生复杂的曲面拓扑和多孔结构关系。Ali Rahim，Hina Jamelle设计的Reebok Flagship Store入口厅在原有的形态及结构中插入了自由曲面的"畸形体"孔洞，异形的三维扭动孔洞结构标志了建筑的入口，带来一种全新的视觉冲击。针对这个像水晶玻璃瀑布般的自由曲面孔洞性空间，建筑师用计算机精确地控制和调整了曲面形态。数字化的三维模型是形态生成不可或缺的组成部分（图8-1至图8-4）。

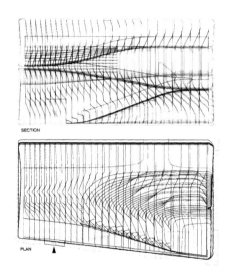

图8-1 Ali Rahim，Hina Jamelle作品 Reebok Flagship Store参数化结构 图解

图8-2 Reebok Flagship Store数字化的三维模型生成像水晶玻璃瀑布般的自由曲面孔洞性空间

图8-3 Reebok Flagship Store局部空间透视，楼梯踏步的曲面渐变

图8-4 异形的三维扭动孔洞结构标志了建筑的入口，带来一种全新的视觉冲击

8.2 空间形态机制

南·艾琳对于孔洞性空间主要类型归纳为实体开洞和孔洞结构、视觉表象的孔洞性、现象学的孔洞性。结合斯蒂文·霍尔（Steven Holl）四种"孔洞性"的概念类型，以及腔体空间孔洞和孔洞性空间渗透关系认知，对于把握孔洞性空间特征十分重要。在本节中，我们重点讨论孔洞性空间类型、孔洞性腔体空间、孔洞性空间渗透及其表现（图8-5至图8-7）。

图8-6 纽约DUFFY功能空间以孔洞开门相连，似腔体孔洞性满布和连续

图8-5 纽约DUFFY太空站风格接待厅室内孔洞性圆厅空间，连接各个功能空间的入口

图8-7 纽约DUFFY如太空站孔洞交通通道和展示空间

8.2.1 空间类型

1. 南·艾琳的孔洞性罗列

美国研究现代都市的学者南·艾琳（Nan Ellin）在她2006年名为《整合性都市观》的书中罗列了现代城市应该倡导的15种"孔洞性"：①视觉孔洞性；②功能孔洞性；③临时的孔洞性；④时间的孔洞性；⑤历史的孔洞性；⑥生态孔洞性；⑦交通的孔洞性；⑧体验上的孔洞性；⑨行政权属上的孔洞性；⑩空间孔洞性；⑪城市层面上的孔洞性；⑫象征上的孔洞性；⑬商业上的孔洞性；⑭虚拟孔洞性；⑮紧急状态的孔洞性。

2. 孔洞性空间类型

在南·艾琳的归纳中，对于孔洞性空间主要类型特征表现为：

（1）实体开洞和孔洞结构。功能孔洞性、空间孔洞性、紧急状态的孔洞性、生态孔洞性。通过实体开洞生成孔洞性空间类型。

（2）视觉表象的孔洞性。视觉孔洞性、虚拟孔洞性、象征上的孔洞性、体验上的孔洞性。通过表皮印刷等手段的生成孔洞性饰面类型。

（3）生态孔洞性。通过研究植物、生物的空腔形态，生成仿生学的孔洞性空间，更深入地研究，发展生态孔洞性空间类型。

（4）现象学的孔洞性。包括体验上的孔洞性、时间的孔洞性、历史的孔洞性、城市层面上的孔洞性、行政权属上的孔洞性。

（5）体验上的孔洞性。指建筑环境和人的行为之间产生相互影响——吸引、选择、发现，人们活动中的流动性、不稳定性和多样性，形成体验上的孔洞性。

8.2.2 形态特征

孔洞性空间形态包括建筑与室内的门窗、管孔形态的空间包裹、编织形态的网孔、板材的冲孔、通过印刷形成的孔洞饰面材料、植物生物的空腔，以及海绵体孔洞等，见表8-1和图8-8至图8-11。

表8-1 孔洞性空间形态

序 号	名 称	形态特征
1	开口	建筑与室内开门洞、开窗洞，这是最基本的孔洞性空间；室内空间围合、墙体和隔断都可以有不同的开口方式，如门的设置、空开开口、框架开口、洞开开口等
2	管孔	建筑和室内通过基本的管孔与环境内外相互连接，孔洞是建筑空间存在的价值保证管孔形态的大尺度空间，常见有交通空间的独立包裹形态，管状长条形室内空间
3	网孔	密集网格镂空的围墙、隔断、曲面网孔空间，孔口可以是菱形、圆形、多边形等；网孔具有一定的软化倾向，结构有塑性和延展性，大尺度网孔空间的自体形态特异突出
4	冲孔	多表现为通过工具冲孔生成板材，如孔板等，通过孔径大小、孔距疏密、排列秩序，以及规则冲孔、非规则冲孔，生成有差别的立面形态、版面形态、板材形态
5	印刷	通过表皮印刷的孔洞性饰面，生成虚拟孔洞性和视觉孔洞性空间；印刷孔洞性空间生成，在限定空间的同时，容许视觉和光线的进入
6	腔体	植物、生物体的空腔形态是孔洞性空间的结构原型空间之一；通过研究腔体空间特性，研究植物、生物腔体形态和作用，是建构生态孔洞性空间的基础和创意来源
7	海绵	海绵体原型所提供了孔洞性的相关物理性质：一个没有致密表皮的物体，虽然具有完整的形状，但是隐含在内部的疏松状态使得物体可以与外界环境关系产生改变，空气、光线都成为这个物体可以吸纳的对象；海绵体的满铺使孔孔相邻相连，孔洞转接、铺展、多向、层次关系，是生成复杂形态、参数化孔洞性空间的基础

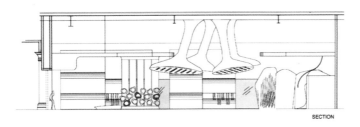

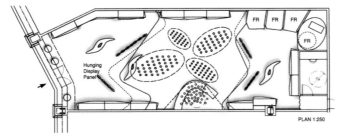

图8-8 拉斯维加斯FORNARINA服饰店室内平面布局设计，表现了圆曲线和孔洞性特征

图8-9 以"莲蓬头"形态为主题符号，在"莲蓬头"上巧妙设置灯具，长长的悬垂须状展示设施犹如莲花叶茎和莲藕

图8-10 "莲蓬头"不规整泡松形态也表现出莲藕的腔体孔洞性空间特征

图8-11 拉斯维加斯FORNARINA服饰店紫色和白色调散发出自然清香气息

8.2.3 空间组织

斯蒂文·霍尔对于孔洞性的类型演变，从"海绵"原型出发，提出了4种"孔洞性"空间组织——竖直的、水平的、斜向的和满铺的孔洞性。

1. 竖直的孔洞性组织

在建筑空间中类似腔体竖直贯通建筑各层的共享空间、建筑的竖直通风孔洞等。典型建筑案例为：日本著名建筑师伊东丰雄设计的仙台媒体文化中心。伊东丰雄多次用到"管道"的设计概念，在仙台媒体文化中心设计中，整个建筑由平台、管道、表皮这三个简单元素构成，用13个竖状垂直的管道穿过各楼层。除了结构上的作用外，还被灵活地用作竖向交通和信息、光、空气、水、声等不同能量的流通空间。

2. 水平的孔洞性组织

水平的孔洞性组织关系表现特征：其一，联系建筑内部各个空间围合和功能空间的开孔和交通空间等。主要是指空间与空间通过孔洞性的连续连接、穿插组织结构；其二，是指流体结构水平的孔洞性组织。典型建筑案例为：日本著名建筑师矶崎新设计作品北京国际汽车城是矶崎新和结构工程师根据流体力学原理创造的一种建筑造型，以树形支撑屋顶的三维曲面和孔洞结构为基本形态，仿佛流动的自然生命的奇异造型。流体结构的曲面和孔洞表现了生命流动的空间形态。

3. 斜向的孔洞性组织

斜向的孔洞性组织表现特征包括：坡道连接空间、改变连接方向的孔洞性空间等。按照斯蒂文·霍尔的设计概念，通过斜向的孔洞性组织，将功能空间、共享空间、私密空间、交通空间连接起来。

4. 满铺的孔洞性组织

类似"海绵"原型、多重联系、空间贯通、多层次孔洞性空间等。斯蒂文·霍尔的海绵孔洞性空间组织，表现为路径或"开放/半开放"空间，实体的侧壁从不同方向被打开，"空间"作为"贯通的无限连续体"的性质便产生了，因而可以被设想为流动的。大量的公共空间在设计中被交叉的流线变成功能混杂的场所，打破了严格的工作、休闲、交通的限定，不同功能单元之间相互的渗透，这时"孔洞"就常常表现为私人领域和公共领域之间的缓冲（图8-12至图8-22）。

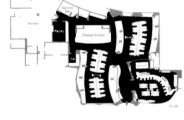

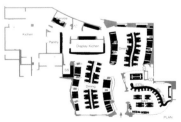

图8-12 拉斯维加斯NECTAR餐厅和酒吧室内平面图。曲线布局表现孔洞性联系，水平的孔洞性组织关系，联系建筑内各个空间围合和功能空间的开孔和交通空间，相互依存

图8-13 NECTAR酒吧间孔洞性空间形态。满铺的孔洞性组织，实体的侧壁从不同方向被打开，"空间"作为"贯通的无限连续体"

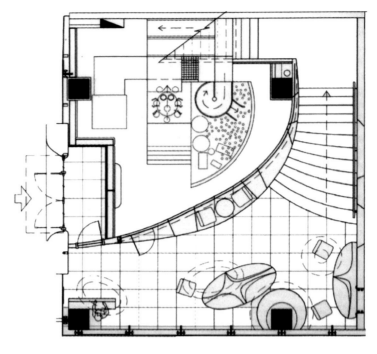

图8-14 天津Mr．Pizza店门厅平面图

图8-15 NECTAR酒吧过道空间。流体结构的曲面和孔洞表现了生命流动的空间形态

图8-16 "嵌人"的孔洞：NECTAR酒吧柜台

图8-17 NECTAR大餐厅空间，在设计中被交叉的流线变成功能混合的场所

图8-18 天津Mr．Pizza店门厅蛋形窗立面设计

图8-19 由孔洞曲面立面、孔洞凹凸、蛋形座位、Saarinen椅子构成孔洞性空间。红色墙上两个蛋形的嵌入式橱窗，形成了引导顾客的视觉指引

图8-20 Mr．Pizza店交通空间成为场景的轴心。"童心的墙"和红色"鸡蛋墙"在一楼相遇，像楼梯的两个展开着的臂膀，迎接顾客的到来

图8-21 天津Mr．Pizza店门厅透视。走进入口门，会看到孩子们的游玩空间，由整面的弧形墙围合而成

图8-22 Mr．Pizza店二层孔洞性隔断

8.3　孔洞性空间设计应用

　　大量孔洞性空间设计的建成作品出现在商业空间、办公室空间和公共建筑中，复杂的形态和奇异结构给我们的环境带来了新的视觉体验。在本节中，我们重点讨论孔洞性空间布局设计、空间建构的尺度、维度与体量，以及空间表皮孔洞性变化设计方法。

8.3.1 布局组织

孔洞性空间设计策略，包括由平面布局的孔洞性建构基础、空间立体生成、空间表皮生成等几个方面。空间流动性是设计中努力追求的目标。"空间"从现代主义时期开始就成为一个十分重要的建筑学理论主题，"空间作为连续体"（Space as Continuum）的观念受到重视，"空间"突破界面限定后表现出的均质、流动、无限的属性成为许多建筑试图表现的重点。从有关"孔洞性"的设计实例中可以看出，孔洞"空间"的抽象特性，表现为路径或"开放/半开放"空间，实体的侧壁从不同方向被打开，"空间"作为"贯通的无限连续体"的性质便产生了，因而可以被设想为流动的。

孔洞性空间布局策略通过以空间位置分类策略和以公共空间与功能空间关系位置分类策略，见表8-2和图8-23、图8-24。

表8-2　孔洞性空间布局策略

分　类	方　法	布局设计策略
以空间位置分类	网格—面变	对完成功能性、实用性的平面布置进行"面变"，变距与变向，改变规则平面网格中点经纬度和坐标位置，改变布点距离和方向；网格线会发生偏移，生成整体联系紧密的复杂孔洞性平面基础形态
	线式—折叠	沿室内空间的走道、交通流线布置，连续的折叠线式布置，形成开放性、流动性的空间；围合的空间在流动性的基础上发展出可塑性和延展性，连续折线的不同平面区域增加与削切，生成交互影响集合体
	串联—组团	由平铺直叙的串联式布局，改变为相互关联更为紧密的组团式布局，体现空间聚集特点；突出区域性聚集和功能性聚集，设置孔洞性交通关系和流线。组团式布局突出公共空间与功能空间的联系与交叉
	综合—流淌	水平的孔洞性组织关系设计，联系建筑内部各个空间围合和功能空间的开孔和交通空间等；整体效果体现流体结构水平的孔洞性组织，仿佛流动的自然生命的奇异造型，表现了生命流动的空间形态
以公共空间与功能空间关系位置分类	对称—均衡	将公共空间与功能空间关系位置和家具位置由轴线对称布局、对称安置布局，改为均衡性布局，消除规则网格的轴线；用相互关系更为有机、互为"侵犯"、"S"形的均衡式平面布局，取代轴线对称布局
	封闭—开放	将封闭围合切开，通过开洞使空间体量感随着洞口的疏密和切口形态而发生改变，产生新的限定性：正负、强弱、内收与外放；实体与虚空间关系得到改变，根据使用需求将平面空间"挖"成"洞穴"
	清晰—模糊	清晰的边界关系表现为区域分割明确、直线围合、边界开口少、矩形平面等；将公共空间与功能空间关系由清晰的边界，改变为渗透、半开放、开放的边界，包括对隔断、垂帘等软隔断的预设
	完整—切割	通过对平面上的点进行拉伸、压缩、移动等操作，可以即时地获得复杂的折面体系；使多向性、多点发射的墙面、顶面浑然一体，功能结构与装饰形式有机结合，形成了连续流动的室内景观

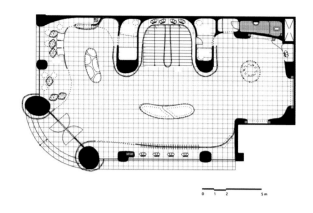

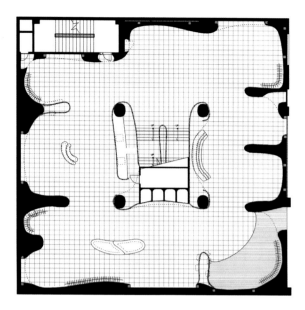

图8-23　迫庆一郎作品：杭州ROMANTICISM服饰店底层门厅平面图

图8-24　杭州ROMANTICISM服饰店二层平面图。表现孔洞性流动特征的布局关系

8.3.2　空间建构

依据孔洞性概念采用卷曲、管孔、翻转、拓扑、挖筑等多种手法生成整体空间、局部空间、家具和设施实体空间。主要空间建构方法见表8-3和图8-25至图8-31。

表8-3　孔洞性空间设计策略

序　号	方　法	概　念	操作要点	操作图解
1	开口	每一个建筑空间都必须与外界联系，对实体空间开口及其变化，是孔洞相对空间的基本意义	●设定围合区域和功能空间限定 ●设定开口点、形态和动线关系 ●对开口的尺度、方位、路径关系、空间渗透关系梳理，完成开孔和衔接与布局关系，生成孔洞性空间	
2	覆盖	通过对已有的路径空间形态结构、家具体块"削切"生成不规则三角面，得到解构的折叠形态	●依据功能需求设计围合形态 ●适当降低围合隔断立面高度 ●围合隔断覆盖加顶生成孔洞 ●调整顶面弧度和折叠模数关系确保孔洞形态渐变和动线流畅	
3	卷曲	卷曲是一种面操作，形成一种动态的连续空间。可以由曲面"卷"的不同方式产生多样孔洞空间	●设定空间功能区域和设施设计 ●设定"卷曲"轴心和轴线方向 ●设定卷曲斜面基本单元宽窄形 ●沿设定的轴心设置地顶墙卷曲 ●调整连续折面宽窄变化和穿插	

143

序 号	方 法	概 念	操作要点	操作图解
4	网孔	经过弯曲、拉伸、压缩、扭转的形态，以网格状的菱形孔、交叉孔、圆孔，覆盖和围合空间	● 设定空间功能区域和设施设计 ● 完成实体形态的初步空间规划 ● 设定网孔基本单元和形态形 ● 覆盖和围合空间，独立隔墙、隔断、独立屋中屋，形态流畅完整	
5	挖筑	通过"挖"切筑构：控切与切折生成孔洞性空间。控切生成洞式空间，切折生成腔体空间	● 根据功能需求设计初步形态 ● 新实体形态与地顶墙关系为互补的相依存联系和正负形态 ● 两个基本形态设置：显示外凸的"阳"形态及内凹的"阴"形态	

图8-25 ROMANTICISM服饰店参数化网格孔洞空间围合

图8-26 孔洞性立面和独立空间塑造，生成室内空间标志性场景

图8-27 透过网格孔洞观察空间场景，空间具有渗透性

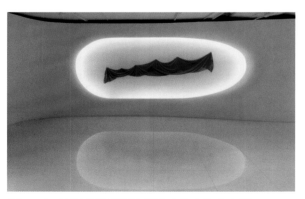

图8-28 孔洞性元素和符号遍布整个室内空间

图8-29 采用安装穿插附加结构，围合了一个特异、奇趣、体量的孔洞性"管通"空间

图8-30 伦敦GUYS&DOLLS服饰店孔洞性门式，具有"冲孔"成形特征

图8-31 洛杉矶LOREAL LIVING LAB美容店入口以双弧形圆曲造型表现象征的孔洞性

8.3.3 表皮建构

表皮在空间设计中的地位凸显，是由于空间设计技术手段多元化，多样化材料和结构技术、材料加工技术的成熟。如参数化Rhino的Grasshopper语言，在"找形"即形态基本确定后可以编辑多样化的3D表皮。工程实践中，在既有空间框架的情况下，采用换表皮方法，生成新的视觉环境，最为简便易行。室内空间立面与表皮的孔洞性设计最为常见，主要手法如下：

1. 材料的孔洞性

成品板材中，冲孔板材品种很多，有冲孔铝塑板、冲孔钢板、冲孔有机板。使用冲孔板作为隔断材料、灯片材料和装饰材料。孔径和孔距都可以定制。

对玻璃材质，通过印刷、磨砂处理、接帖纸，实现孔洞性饰面。

2. 网格孔洞性

硬质网孔的空间围合，采用金属板冲孔拼接安装、金属网弯曲围合、金属件交叉安装形成网孔，既可以限定区域，又围而不实，内外空间渗透。

3. 独立立面的孔洞性装饰构成

在室内场景中，通过对处于空间节点上的主要立面、背景墙、隔断的孔洞性处理，表现空间装饰风格的独特性（图8-32至图8-39）。

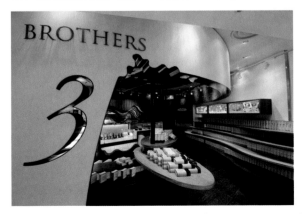

图8-32 BROTHERS餐厅入口空间的孔洞性开口设计，表现了空间内外穿插关系

图8-33 BROTHERS餐厅主立面曲线孔洞性饰面设计。通过偏移曲线轮廓、曲线渐变、肌理、材质、色差、结构堆叠表现表皮孔洞性

图8-34 BROTHERS餐厅镂空隔断，隔而不死、相互渗透影响的环境效应

图8-35 BROTHERS餐厅镂空隔断图案细部

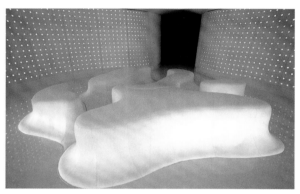 

图8-36 KATHRYN FINGLA酒店公共空间休息区孔洞性饰面和浮游生物般的坐凳设计

图8-37 KATHRYN FINGLA酒店公共空间休息区表现浮游感的孔洞性环境设计

图8-38 建筑入口广口形光墙，以表皮孔洞性饰面，内部自发光，表现精致光斑效果

图8-39 诊所室内的网孔饰面隔断，内置灯光，营造淡雅温馨的氛围

习题和作业

1. 理论思考

（1）简述南·艾琳对于孔洞性空间主要类型特征表现的理论。

（2）简述斯蒂文·霍尔（Steven Holl）对于孔洞性的类型演变。

（3）请举例简述孔洞性空间设计策略。

（4）请举例简述孔洞性表皮空间设计方法。

2. 实训操作课题

实训课题1

课题名称	孔墙设计
实训目的	通过对空间立面、围合隔断的开孔实验，表现面要素变化的多样性和可能性
操作要素	材料与工具：纸板、纸片、美工刀、开孔和冲孔刀具
操作步骤	● 实验1：使用冲孔刀具，圆孔刀、菱形刀在纸板上按照一定的规律冲孔 ● 实验2：使用美工刀，在纸板上按照规则行距和大小切孔，并将切开处折叠 ● 实验3：折叠纸片，在纸片上按照一定规则行距、切出大小不一的方形、菱形 ● 实验4：拍照，形成系列图片，比较用不同加工手法制作的孔墙模型效果和肌理 Phtotoshop简单修图排版，在Word文件中插图并附100字说明，上交电子稿
作业评价	● 形态与肌理、光影关系、层次是否巧妙丰富 ● 制作是否精细（图8-40、图8-41）

实训课题2

课题名称	孔洞空间设计
实训目的	通过孔洞空间实验性设计和模型制作，尝试接触参数化设计，关注新空间理论
操作要素	图解：Rhino、Grasshopper犀牛、蚱蜢软件，CAD排版拼版 材料：纸板、PVC板、502胶水，模型雕刻机器加工：二维数控切割
操作步骤	● 步骤1：Rhino找形，绘制形态和结构草图 ● 步骤2：Rhino、Grasshopper找形确定，拍平绘制CAD拼版图纸 ● 步骤3：模型雕刻机器加工：二维数控切割，将切片标号待组装 ● 步骤4：组装切片，完成模型 ● 步骤5：分步骤拍照，简单修图，在Word文件中附图和文字说明，排版，交电子稿
作业评价	● 形态是否完整合理 ● 空间结构关系、层次是否巧妙丰富 ● 制作是否精细（图8-42）

3. 相关知识链接

（1）任军. 当代建筑的科学之维——新科学观下的建筑形态研究[M]. 南京：东南大学出版社，2009. 科学与建筑关系、立体几何的扩展——多面体几何等篇章，研究丰富的概念图解、空间生成图解、案例操作图解。

（2）[英]菲利普·斯特德曼. 设计进化论：建筑与实用艺术中的生物学类比[M]. 魏叔遐译. 北京：电子工业出版社，2013. 有机体类比、分类学类比、解剖学类比、生态学类比篇章：研究孔洞性空间形态、生物腔体形态等概念和结构生成。

（3）[英]建筑联盟学院. 2010年AA创作——英国AA School最新作品集[M]. 柴舒，译. 北京：中国建筑工业出版社，2011.

4. 作业欣赏

（1）作业1：《孔洞性表皮设计》（设计制作：曾悦，赵蕊/指导：卫东风）

作业点评：以硬纸板开孔折叠处理：规则孔洞、一次折叠、二次折叠，尝试生成3D孔洞性表皮空间；非规则孔洞，通过对纸张折叠处理、切孔、透光、拍照，表现孔洞性光斑效果设计。作业模型制作精致，照片表现效果好（图8-40和图8-41）。

图8-40 非规则孔洞，通过对纸张折叠处理、切孔、透光、拍照，表现孔洞性光斑效果设计

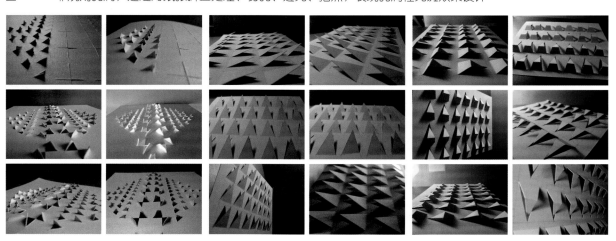

图8-41 硬纸板控切生成孔洞性表皮空间

（2）作业2：《开孔——光斑与空间设计》（设计制作：周佩诗/指导：卫东风）

作业点评：通过搭建空间，开孔洞、透光、拍照，观察不同孔洞形态、开口位置、光源照射方向对室内空间塑造和光斑效果表现。作业对光与空间、孔洞性、光斑效果给出了概念性图解（图8-42）。

（3）作业3：《孔洞性空间设计》（设计制作：石桐瑞，张鸣，吴芳等/指导：卫东风）

作业点评：自由曲面孔洞和连续折面孔洞模型，通过参数化Rhino，Grasshopper语言，研究复杂形态孔洞性空间的找形、空间生成、表皮孔洞性形态变化和建构规律（图8-43至图8-45）。

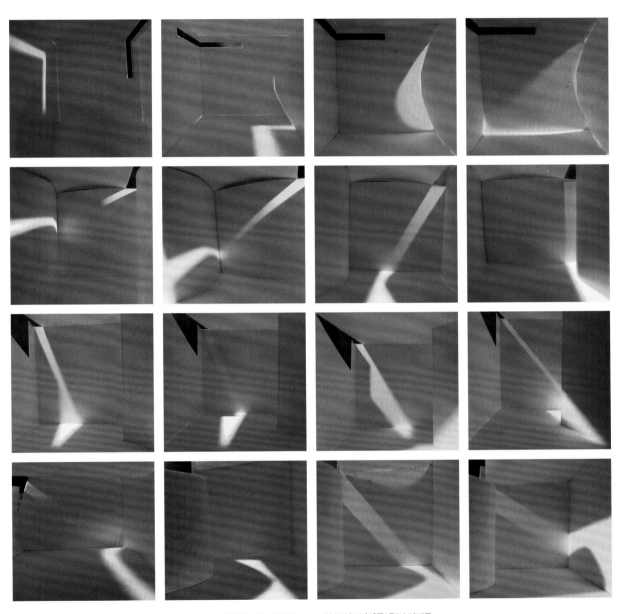

图8-42 开孔——光斑与空间设计表现

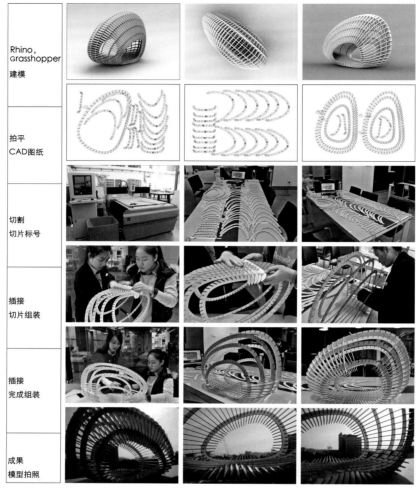

图8-43　参数化孔洞性空间模型设计与制作步骤图解：完成形态设计和参数化建模；拍平和CAD图纸；数控切割；切片插接组装；模型拍照（设计制作：吴芳，季婷婷，冯淼宁）

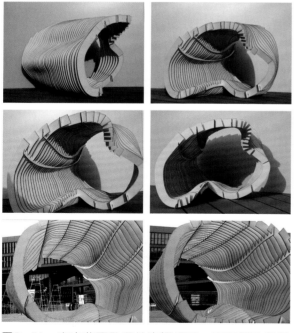

图8-44　自由曲面孔洞性空间模型，表现管孔空间（模型设计制作：石桐瑞，张聪聪）

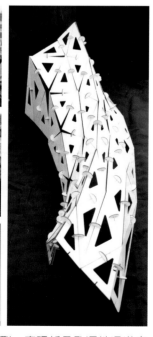

图8-45　连续折面孔洞模型，表现折叠孔洞性通道空间（模型设计制作：张鸣，史玙，张楚洺等）

第9章　室内空间设计课题训练

课前准备

请每位同学回顾本书空间与形态结构设计、空间与类型设计、屋中屋设计、折叠空间设计、曲面空间设计、孔洞性空间设计等主要章节内容和课程作业，为本章主题性室内空间设计做好准备。

要求与目标

要求：通过对本章的学习，使学生了解主题性空间设计要点，以及商店设计、餐厅设计要点，从而走进身边空间中认识和发现有意味的商业空间形态。

目标：培养学生的空间设计理论与实践操作能力，观察与思考身边的室内空间类型特点，为空间设计实践打好基础。

教学框架

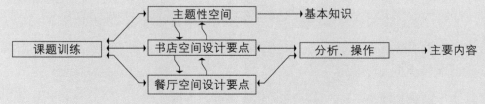

本章引言

商业空间作为公共空间的重要组成部分，对人们生活影响巨大，是我们基本生活活动空间。商业空间的设计更应当具有前卫的精神，走在设计的前端，引领时代的潮流，将富有创意与内涵的室内空间展现给人们。本章的教学重点是使学生从了解几个常见空间类型设计要点入手，认识商业空间形态创意特点，锻炼和提高实践操作能力。

9.1　主题性空间

与人们生活相关的环境设计，都离不开对人们的文化、情感、历史背景的研究。重视对主题性概念和主题性设计研究，是做好室内空间设计的基础。在本节中，我们重点讨论书店空间的主题确立、主题理念、主题性设计要点。

9.1.1　主题确立

主题的确立是室内空间灵魂产生的基础，空间有了灵魂才有了灵性，没有主题的空间是失去灵魂的空间。主题的确立则显得至关重要，主题综合了空间的设计价值及时代的设计理念。

主题，原是文学、艺术作品的概念，被借用到室内设计创意当中，其含义并没有改变，只是内容所指发生很多变化，面对一件室内设计创意作品，观众可能会觉得它很新鲜、很好看。主题，也是一种精神内涵在室内设计中的具体表达，包含一种意义和象征文化的反映。室内设计主题创意，是指蕴藏在室内设计作品之中的思想内涵，它具有随意、自由、丰富和微妙的特征。在主观方面，它可能是一种想法、一种意趣、一种美的发现，或是各种各样的人生感悟等；在客观方面，它常常源于生活、反映生活，并高于生活。

9.1.2　空间与主题

住宅、办公、商业、餐饮等不同的空间应采用不同的主题，或体现在空间意境上，或强调时代感，或表现文脉和本土文化。主题反映了设计者的设计理念。项目设计中，根据不同的主题设计内容，不同的地域和人文环境，设定功能需要，风格和文化内涵。在体现艺术特色和创作个性的同时，对装饰风格进行探索和研究，将外在因素和内在因素相结合，从而赋予所设计装饰的内容以视觉愉悦感和文化内涵。运用技术手段和美学原理，创造出满足人们物质和精神生活需要的室内环境。

室内空间中"主题"立意是空间的"灵魂"的生成，由于"主题"的涉入，使得室内空间油然产生了"场所"效应，并以此叙述着其空间的"思想"和"情感语言"；人们在这个"场所"之中体味、遐想着大自然美的凝练、地域文化、民俗情趣、都市的时尚；也充斥和传递着思想与情感、聆听美丽动听的故事，从而进行着人与"空间"、人与"自然"的无言对话。因此没有"主题"的室内空间是失去了"灵魂"的空间，而显现着文化内涵的"主题创意"又综合体现了现代空间设计价值与现代时空设计理念的重要特征。

9.1.3　主题性设计

1."主题"创意

室内设计师常常为空间设计的"主题"创意而感到茫然和困惑，或者一味地效仿人们已熟知的某种风格、某种主义等。甚至是毫无顾忌地任意去抄录，剪辑式地搬到自己的"设计"之中。这样的"作品"显然缺乏原创性和鲜明的"主题"立意，必然是缺乏"场所"内涵的、品格平庸的室内空间设计。

空间主题的设定是建构空间"场所"内涵的必然，而室内设计作为延伸建筑空间的功能性与艺术特征，应理性地面对不同审美人群、不同文化的体验、不同的文化教育背景等个性因素。因而所创造出的室内空间"主题"必然反馈和映衬着该地域的自然生态、人文景观、历史文化内涵。又在室内空间的精神内涵上表达人的内在因素：包括思想、行为、价值观念等，并将其复杂的、多向的心理活动映射于空间之中，使人与环境达到真正合一。

大自然的万物为设计师提供了设计素材，也使得设计师寻觅到创意的灵感与表达形式，并传达设计的内涵，且冲破固定僵化的思维模式。另外，人类从诞生开始，一切生存、生产活动都依附于大自然；人们于自然之中延续、发展和完善自己，并从来不间断的借助于自然中一切物质的原理要素，而从事室内空间的创造活动，努力谋求"人"与"自然"和谐并存的方式。其中不同的生态环境、不同的地理条件又演绎着形式各异的文化、多彩的生活方式与迥然不同的审美观，这些都为设计师创造表达室内空间的"主题"提供了条件和依据。

2. 主题性设计手法

我们社会技术发展的层面越高，就越希望有一个高情感的环境，用技术软化的一面来平衡硬的一面。现代空间设计中重视装饰、色彩和质感的表达，并在某种程度上回到了古典主义、手法主义及历史隐喻主义上去。追求隐喻、多元、地域化与文化的象征性是空间主题性设计的主流。空间的主题性确立，为多种风格的融合提供了一个既理智又多样化的环境，使不同的时代风貌并存，从这种共享关系中获得更贴切使用者的意义和习惯，根据公共的趣味进行设计，同时仍具有新意。

主题性设计借助隐喻手法的运用在很大程度上是依靠所涉及的语境完成的。在语言学中所指的"语境"决定了一个风格是否成为隐喻，同时也对隐喻产生影响。决定语句意义的语境远不止隐喻本身的上下文语境：它是一种由知识和程度不同的期待意义组成的复合体，是一种阐释能力，从原则上说，人们可以对这种能力加以描述，然而在实践上，如果没有对所隐喻文脉的了解，很难推测出该隐喻所表达的含义。隐喻的环境由于其语境的变化从而给在其中的设计带来多样的发展空间。在一个场景中的隐喻不是仅仅由此及彼的联想，更多时候是在语境中的识别过程。

主题性设计依循不同的文脉，例如其中的地域元素等，很难与所在其中的环境割裂开来。设计师通过直接参照、隐喻等具体的手法，在视觉上构成室内空间文脉，并以新的感觉中心来传达凝结于空间的主题精神和思想。隐喻还可以是更加隐含的象征，通常是装饰性符号或标志来暗示某个含义。隐喻主义强调室内设计师要充分考虑赋予形以地方性，并使其尽可能适合各种等级的文化价值和"各种文化类型"的欣赏者，使作品易于被人熟悉、亲近，并具有意义。

9.2 书店空间设计

设计独特的商店标志、富有创意的空间结构与富于新意的购物环境，才会给消费者留下深刻的记忆。同时，正因为每个店铺的独特性、新颖感和可识别性，才形成商业空间气氛和消费与购物环境。在本节中，我们重点讨论书店空间的基本概念和设计实务，设计操作与课题训练。

9.2.1 书店空间特征

1. 店铺空间特征

商店空间的格局看似多种多样，但基本规律清晰可辨。从功能上分有三个部分，即商品空间、店员空间和顾客空间。其中商品空间为主要空间，顾客空间为次要空间，店员空间为辅助空间。其中，商品陈列出样空间为功能性实体占用空间，是直接营业区。店员管理和仓储空间也是功能性实体占用空间，但处于辅助营业区。顾客空间是动态空间，是商品空间的虚空位置和渗透穿插空间。三者之间丰富的组合与变化，形成了有主次关系的空间组织。

2. 书店空间特征和规划

（1）书店定位。定位，是指在复杂、多样的文化出版品中，书店自身主要想提供给顾客哪些类型的商品或是服务项目，毕竟，在现实环境中，实体书店想陈列所有的出版品、做到应有尽有是不可能的事，因此需要有所取舍。确认书店定位后，接下来便是衡量书店卖场大小、格局、楼层数等空间上的条件，以便安排各商品区域的位置。

（2）书店空间规划。一般而言，书店的商品结构包括有图书、杂志、文具、礼品与杂货，另外可以再加入新兴的计算机光盘与外围商品，在规划时至少需要将卖场划分成以上几个业种的区域。在各业种的区域内，依据商品特性再做细部的区隔，例如图书区，往下则可以再分成新书区、畅销书区、促销书展区等，使得各类商品都有其专属的空间。

属于冲动性消费的商品，如杂志、新书、畅销书陈列区应该摆设在顾客最容易接近、最容易发现的区域（如门口附近或是平面楼层），以刺激顾客消费；而属于目的性购买的商品，如参考书，就可以摆设在卖场的深处或是较高的楼层上，因为顾客就是要买这些商品，摆得远一些也不会对业绩产生太大的影响，甚至在购买此类书必经的通道上可以再刺激顾客购买其他的商品。

在商品分区上有两项需要补充说明的：第一，当卖场有多个楼层时，规划各楼层商品的区域时需要注意高楼层是否具备吸引顾客的商品结构，避免顾客只停留在一楼消费；第二，书店常态性的书展平台、节庆促销活动所需的空间应该一并规划，避免一有促销活动时，需要大幅更改卖场的商品陈列。

9.2.2 作业案例

作品：《现代童话——儿童书店室内设计》（图9-1至图9-12）

设计：季海昕/指导：卫东风

本案例是位于城市中心的一家书店，建筑面积约700m²，在原有场地的基础上，重新划分功能分区，在满足书店基础功能需要的同时，形成富有变化的空间体验。

1. 设计概念

书店回归生命的本质，归纳了儿童成长的孕育、行走、识别、思考4个阶段，并以此组成了书店的主题Logo。并根据主题Logo的几何形和色彩搭配运用到主体书架的设计中，由此形成书店的中心轴上的4个主展区域，并围绕4个主展书架展开了整个平面的规划来衬托出轴线主题。结合窗体和背景书架的线条素描交错感来构建从前到后虚实变化并且主题清晰的"现代童话"空间。并且根据这一从平面穿透到室内空间构建的主题，发展成为完整的平面系统和交通流线。

2. 功能分区

书店的功能主要由书籍展示陈列空间和收款服务空间构成。其中展示陈列空间是主要空间，包括店标、入口、橱窗、展柜、展架和展台等；而服务空间则是辅助空间，比如接待收银台、儿童休憩桌椅、储藏室和办公室等。在本案例中，运用其原本建筑平面，重新划分功能分区，形成服务空间、大小展示空间和交通空间等区域。

3. 动线

在本设计中，为了让动线串联更多的书籍陈列区域，在借助于平面布局的基础之上，沿墙体进行了展柜和展架的设置。在局部区域中设置以异形屋中屋陈列架为主的视觉中心，并尽可能地避免单向折返和死角，使顾客流线通畅。

4. 空间

根据人机工学和视差规律，通过店内屋中屋设计、地面、顶棚、墙面等各界面的材质、线型、色彩、图案的配置与处理，以及玻璃、镜面、斜线的适当运用，可使空间产生延伸、扩大感。该书店中的部分展示区域的虚实相间隔断的处理手法，使得空间之间相互穿插、融合，丰富了主次关系。

5. 色调

总体呈淡雅、蓝灰色调，地、顶墙、楼梯、设施、展架均统一在主色调中，并运用暖色调光环境，主要是通过漫射光运用，生成温润、清丽的店面氛围。

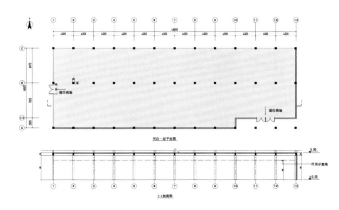

图9-1 书店建筑平面图

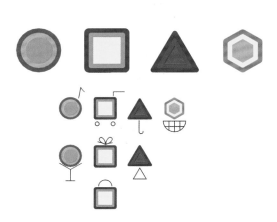

图9-2 书店设计概念生成

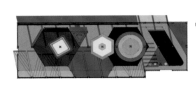

● 平面：以4个主题符号——几何形组合为书店平面中心，依据它们的互补形关系规划整体平面

● 空间：4个几何形组合各为不同主题和年龄段书架展区，同时环绕设置休息饮品、独立陈列区和背景书架综合区

● 顶面：依照3大功能块划分为中心区、通道区、参与互动和独立样陈列区。

图9-3　书店空间生成符号、顶面结构图

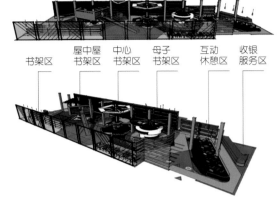

图9-4　室内空间结构模型

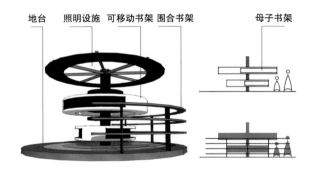

图9-5　书店独立空间结构——母子书架

图9-6　书店独立空间结构——中心书架

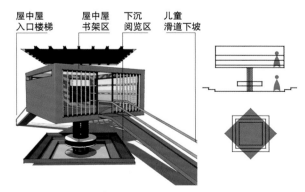

图9-7　书店独立空间结构——儿童书屋

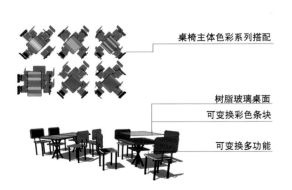

图9-8　家具设计

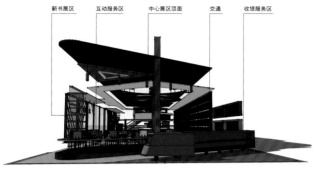

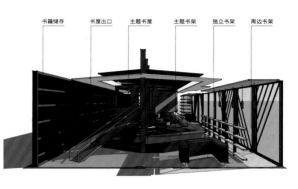

图9-9 中心场景空间组合

图9-10 空间布局采取区域摆放展台为主

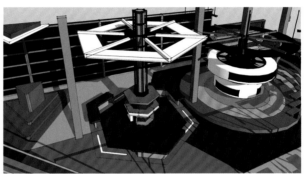

图9-11 独立书架区形成区域中心

图9-12 由几何符号构成书架，形成有区别的特色空间

9.2.3 课题训练

1. 课题目的

在书店设计中，包含了商场空间设计的基本要求，同时渗透了展示空间设计的某些特征。其设计主旨是通过对商品多样性的展示，借助展具、灯光、声音等要素，营造便于顾客选购商品或适合于商家进行销售的形式。通过对书店的课题练习，了解商场空间类型的特点，掌握常见的设计手法，学会组织空间与界面的关系，并能灵活运用于各类建筑室内设计中。

2. 课题内容

（1）项目要求。根据所给的建筑平面图，设计一家小型书屋及饰品店，店名自拟。该书屋位于某商业步行街，要求设计符合其时尚休闲形象，反映出时尚风格特征。

（2）设计细节。该书屋的建筑面积约为310m²，层高4.5m，除主要的书籍展示空间外，还需设立一些辅助空间，如接待与收银、小饰品、休憩空间、储藏间等。要求充分利用落地玻璃窗、建筑原有框架结构。

（3）作业要求。要求创作完成该书屋的设计方案，包括：

a.平面布置图（比例自定）、顶面布置图（比例自定）、立面图（比例自定）；

b.色彩效果图，3～4幅，比例自定，表现手法自选，要求准确生动地描绘出空间的形态、尺度及材料的色彩、质感，需要表现出一定的细节设计；

c.设计说明；

d.完成A3设计文本一套（图9-13）。

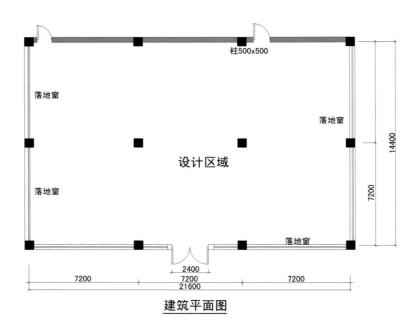

图9-13 命题作业建筑平面图

3. 课题操作程序和要求

（1）专题观摩。组织参观相关书屋和饰品店，对功能、分区和顾客的活动特点进行调研。

（2）资料整理。在调研的基础上，收集相关数据，如最基本的人体尺度、人流范围、家具尺寸等。

（3）概念设计。结合具体的设计要求，展开关于设计主题、风格的初步构想。

（4）方案设计。对书屋和饰品店的空间组织、界面装饰等作进一步深入探讨与设计。在设计过程中，应当大处着眼、细处着手，从里到外、从一而终，处理好整体与局部的统一关系，通过图纸、模型和文字说明等，正确、完整、富有表现力地表达出设计作品。

（5）文本设计和制作。包括电子稿汇报的动画、PPT制作。

4. 课题操作重点

（1）定位研究。书屋和饰品店的品牌形象如何在室内设计中加以体现十分重要，两者必须保持高度的统一性和协调性。应该根据商店的经营性质、商品的特点和档次、顾客的构成、商店形象外观以及地区环境等因素，来确定总的室内设计风格和定位。

（2）视觉中心设计。在书屋和饰品店中，规划设置视觉中心设计是吸引顾客的最直接且有效的手段。要有简单明确的主题，以建立展品的特有形象。突出商品的特点、款式、风格、文化为主，并与店面周围的环境进行交流与互动。

（3）空间设计。空间设计是书屋和饰品店空间的最重要部分，柜台、展架应当成为专卖店的功能中心，因此要把室内最好的、最有利于展现商品的区域让给这个功能中心。商品是专卖店的"主角"，空间设计手法应衬托商品，店内环境只是商品的"背景"。

（4）艺术照明。商品展示通过局部照明、艺术照明，以加强商品展示的吸引力。

9.3 餐厅空间设计

当代餐饮空间的使用和设计受经济不断的提高、信息不断加强的影响，餐饮设计文化已成为世界性共享的一种时尚文化。设计的表达形式受日益复杂的顾客的群体需求的变化，加入设计特点，餐饮的风格化、个性化成为主流。在本节中，我们重点讨论餐厅空间的基本概念和设计实务，以及设计操作与课题训练。

9.3.1 餐厅空间概述

1. 餐饮空间

餐饮空间是指在一定的场所，公开地对一般大众提供食品、饮料等餐饮的设施和公共餐饮屋，既是饮食产品销售部门，也是提供餐饮相关服务的服务性场所。餐饮类营业空间类型有中式餐厅、西式餐厅、快餐店、风味餐厅、酒吧、咖啡厅、茶室等。人们走进餐馆、茶楼、咖啡厅、酒吧等餐饮建筑，除了满足其物质需要以外，更多的是休闲、交往、消遣，以及从中体味一种文化，以获得一种精神享受。餐饮建筑应该为客人提供亲切、舒适、优雅、富有情调的环境。

2. 餐厅空间特征

餐厅、餐馆、饮食店和食堂空间，一般都是由供顾客就餐的饮食厅区域的直接营业区，餐厅接待空间和厅堂共享部分的亚营业区，厨房和饮食制作间的后厨空间，以及仓储空间、卫生间、交通等辅助空间组成。其中，门厅、休息厅、餐饮区、卫生间等功能区域是顾客消费时逗留的场所，是餐饮空间室内设计的重点。

9.3.2 作业案例

作品：ARTIST HOTEL（图9-14至图9-29）
设计：褚佳妮，姚峰/指导：卫东风

艺术家与设计师利用废弃的工业用房，从中分隔出居住、工作、社交等空间，在厂房里构造各种生活方式，创作行为艺术或者展览作品。这些空间最具个性和前卫、最受年轻人青睐。作品快捷酒店设计以LOFT为主要风格，空间简约大气，避免多余的装饰，体现了现代设计的极简、经济、高效、温馨特点。

1. 概念创意

酒店以LOFT为主要风格，以创造高大宽敞舒适的空间为主要目的。本酒店是以旧办公大楼改造而成，虽然层高上不及那些高大的厂房，但是原有老建筑留下的沧桑感、历史感对酒店改造的风格有很大的影响。保留原有建筑的部分历史是本次改造的目标之一。

2. 总体布局

快捷酒店快捷的原则为极简、经济、高效、温馨。LOFT的风格更贴近这种要求，不求装饰，而在于对空间的感受，同时又能体验到酒店的品位。餐厅总体环境布局是通过交通空间、使用空间、工作空间等要素的完美组织所共同创造的一个整体。主次流线有效地串联起了整个空间的每个部分。

3. 空间创意

从大堂到餐厅是一个从狭窄空间到开敞空间的流动过程。原建筑空间的主要流线是从大堂到餐厅的直线型，改成折线后增强了空间运动感，恰到好处地处理了大堂与自助餐厅的连接。大堂墙壁的改造使笔直的流线弯折，虽然视线在大堂与餐厅两个空间中受到了阻隔，却并不影响空间的流畅性。办公室与男卫的相互咬合，避免了休息区与女卫直接相对。餐厅的折型长椅是对大堂折线型空间的延伸，取餐台与厨房的直线布置增加了服务员的工作效率。

4. 材质表皮

表皮色调的选择以由黄、黑、灰、白色彩搭配，点、线、面、体组合构成经典的现代主义空间风格。简约、连体结构的接待台、细密的深色金属网格背景，疏密有致。材料与形式均与室内空间相呼应。材质选择了以木和人造石为主，意在表达一种更接近质朴自然的感觉。

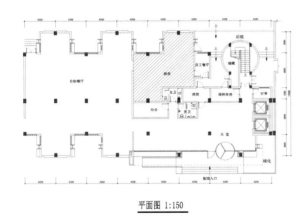

平面图 1:150

图9-14　ARTIST HOTEL建筑平面CAD图纸，反映基本设计现状

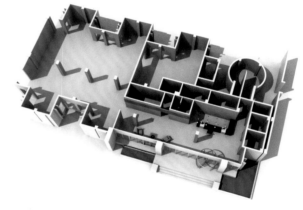

图9-15　建筑空间模型建模鸟瞰，观察空间围合、结构柱等建筑限定条件

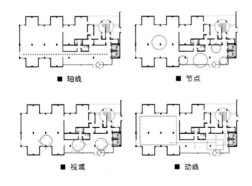

■ 轴线　　■ 节点

■ 视域　　■ 动线

图9-16　室内功能分区和节点分析图解

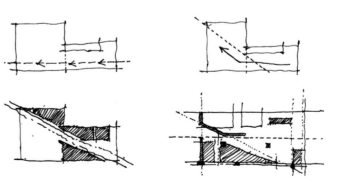

图9-17　ARTIST HOTEL手绘概念草图

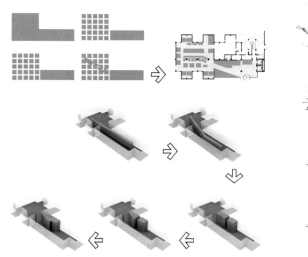

图9-18 餐厅入口空间模数分析和模型结构生成操作图解

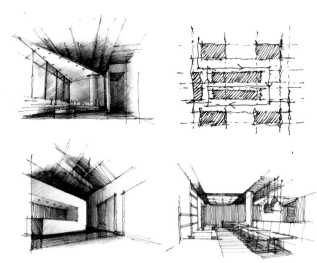

图9-19 流线、路径分析草图,接待、大堂、餐厅等重点场景概念草图

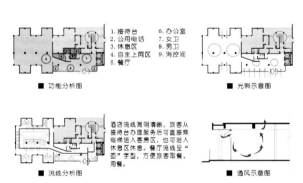

1.接待台 6.办公室
2.公用电话 7.女卫
3.休息区 8.男卫
4.自主上网区 9.消控间
5.餐厅

■ 功能分析图　　　　　　■ 光照示意图

酒店流线简明清晰,旅客从接待台办理服务后可直接乘电梯进入客房区休息,也可进入休息区休息。餐厅流线呈"回"字型,方便旅客取餐、用餐。

■ 流线分析图　　　　　　■ 通风示意图

图9-20 ARTIST HOTEL功能分区、流线、环境的整天分析和图解

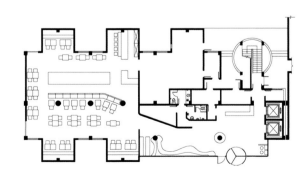

图9-21 完成CAD布局图纸,功能设置合理、布局形态疏密有致,富于律动

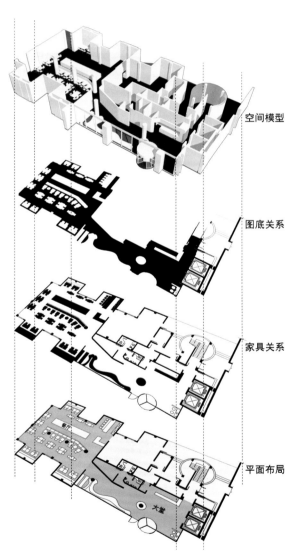

空间模型

图底关系

家具关系

平面布局

图9-22 通过平面布局、家具关系、图底关系和空间模型的分析比对,推动深化设计

图9-23　完成整体ARTIST HOTEL空间设计建模和表现

图9-24　ARTIST HOTEL门厅设计：斜面顶部和黄色立面对门厅休息区域做了限定，曲面沙发柔化了空间

图9-25　由门厅休息区分割出一小块信息服务区空间

图9-26　简约、连体结构的接待台、细密的深色金属网格背景，疏密有致

图9-27　门厅空间地面与顶部形态呼应，直线与曲线刚柔相济，造型简洁

图9-28　由规则网格布置的顶面设计简约流畅

图9-29　由黄、黑、灰、白色彩搭配，点、线、面、体组合构成经典的现代主义空间风格

9.3.3　课题训练

1. 课题目的

熟悉餐饮室内设计的基本原则及设计手法，通过分阶段的设计方式，研究餐饮室内设计的思考方法，完成一次餐饮空间的室内设计过程。通过对餐厅空间的课题练习，了解餐饮空间类型的特点，掌握常见的设计手法，学会组织空间与界面的关系，并能灵活运用于各类建筑室内设计中。

2. 课题内容

（1）项目要求。根据所给的建筑平面图，设计一家餐厅，店名自拟。该餐厅位于某特色美食街，要求设计符合其乡土菜系的地方风味餐厅。

（2）设计细节。该餐厅的建筑面积约为210m²，层高4.5m，除主要的营业空间外，还需设立一些辅助空间，如接待与收银、休憩空间等。要求除大厅散座外，至少包括3个（10人单桌）包间；功能设计合理，基本设施齐全，能够满足餐厅营业的要求。

（3）作业要求。要求创作完成出该餐厅设计方案，包括：

a.平面布置图（比例自定）、顶面布置图（比例自定）、立面图（比例自定）；

b.色彩效果图，3～4幅，比例自定，表现手法自选，要求准确生动地描绘出空间的形态、尺度以及材料的色彩、质感，需要表现出一定的细节设计；

c.设计说明；

d.完成A3设计文本一套（图9-30）。

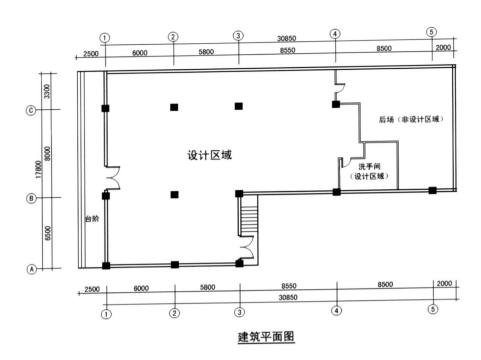

建筑平面图

图9-30　命题作业建筑平面图

3. 课题操作程序和要求

（1）专题调研。组织对相关餐厅的功能、分区和顾客的活动特点进行调研。

（2）资料整理。在调研的基础上，收集相关数据，如最基本的人体尺度、人流范围、家具尺寸等。

（3）概念设计。结合具体的设计要求，展开关于设计主题、风格的初步构想。

（4）方案设计。对餐厅的空间组织、界面装饰等作进一步深入探讨与设计。通过图纸、模型和文字说明等，正确、完整、富有表现力地表达出设计作品。

（5）文本设计和制作。包括电子稿汇报的动画、PPT制作。

4. 课题操作重点

（1）空间组织设计。在分析各种构成元素的内在逻辑，并予加以加工、排列，从而形成空间秩序，又达到了清晰逻辑的理性和谐。运用并列或重叠、线性或组团方式进行空间围合。

（2）家具设计。餐厅中桌椅、沙发等因其体量和形态往往在空间中占据重要的位置。它们向人们暗示了此区域的活动内容，无形中将各功能区域进行分割。

（3）场景设计。是设计师塑造个性化餐厅的重要手段。设计上可以不拘一格，采用多种设计手法来演绎空间，营造丰富的空间层次变化和增加室内景观的视觉观赏性，增强就餐空间的艺术美感和空间感染力。

（4）主题化设计。在满足商业需求的同时根据不同的设计主题，借鉴戏剧〝剧本〞创作的要素，即选择空间的主题，适当的材料（道具），使空间在故事情节、情感体验中变化，强调空间氛围，突出个性与情感的表达。

参考文献

[1] [挪威]诺伯格·舒尔茨. 存在·空间·建筑[M]. 伊培桐, 译. 北京: 中国建筑工业出版社, 1990.

[2] [美]程大锦. 建筑: 形式、空间和秩序[M]. 3版. 刘丛红, 译. 天津: 天津大学出版社, 2008.

[3] [美]拉索. 图解思考——建筑表现技法[M]. 3版. 邱贤丰, 等译. 北京: 中国建筑工业出版社, 2012.

[4] [美]余人道. 建筑绘图类型与方法图解[M]. 申祖烈, 等译. 北京: 中国建筑工业出版社, 2010.

[5] [美]弗莱姆普顿. 建构文化研究[M]. 王骏阳, 译. 北京: 中国建筑工业出版社, 2007.

[6] [美]弗莱姆普顿. 现代建筑: 一部批判的历史[M]. 4版. 张钦楠, 等译. 北京: 中国工业出版社, 2012.

[7] [德]托马斯·史密特. 建筑形式的逻辑概念[M]. 肖毅强, 译. 北京: 中国建筑工业出版社, 2003.

[8] [德]马克·安吉利尔. 欧洲顶尖建筑学院基础实践教程[M]. 祈心, 等译. 天津: 天津大学出版社, 2011.

[9] [英]彼得·绍拉帕耶. 当代建筑与数字化设计[M]. 吴晓, 虞刚, 译. 北京: 中国建筑工业出版社, 2007.

[10] [英]约翰·科尔斯, 纳奥米·豪斯. 室内建筑设计基础教程[M]. 李丽, 等译. 大连: 大连理工大学出版社, 2008.

[11] [美]亚伯克隆比. 室内设计哲学[M]. 赵梦琳, 译. 天津: 天津大学出版社, 2009.

[12] [英]尼克邓恩. 建筑模型制作[M]. 费腾, 译. 北京: 中国建筑工业出版社, 2012.

[13] [美]约·派尔. 世界室内设计史[M]. 2版. 刘先觉, 等译. 北京: 中国建筑工业出版社, 2007.

[14] [丹麦]扬·盖尔. 交往与空间[M]. 2版. 何人可, 译. 北京: 中国建筑工业出版社, 2002.

[15] [英]冯炜. 透视前后的空间体验与建构[M]. 李开然, 译. 南京: 东南大学出版社, 2009.

[16] [美]卡尔·艾克曼. 家具结构设计[M]. 林作新, 等编译. 北京: 中国林业出版社, 2008.

[17] [英]菲利普·斯特德曼. 设计进化论: 建筑与实用艺术中的生物学类比[M]. 魏叔遐, 译. 北京: 电子工业出版社, 2013.

[18] [英]建筑联盟学院. 2010AA创作——英国AA School最新作品集[M]. 柴舒, 译. 北京: 中国建筑工业出版社, 2011.

[19] 詹和平. 空间[M]. 南京: 东南大学出版社, 2011.

[20] 韩巍. 形态[M]. 南京: 东南大学出版, 2006.

[21] 顾大庆，单踊．东南大学建筑学院建筑系一年级设计教学研究：设计的启蒙[M]．北京：中国建筑工业出版社，2007．

[22] 顾大庆，柏庭卫．空间、建构与设计[M]．北京：中国建筑工业出版社，2011．

[23] 史永高．材料呈现：19和20世纪西方建筑中材料的建造空间的双重性研究[M]．南京：东南大学出版社，2008．

[24] 朱雷．空间操作——现代建筑空间设计及教学研究的基础与反思[M]．南京：东南大学出版社，2010．

[25] 任军．当代建筑的科学之维——新科学观下的建筑形态研究[M]．南京：东南大学出版社，2009．

[26] 汪丽君．建筑类型学[M]．天津：天津大学出版社，2005．

[27] 沈克宁．建筑类型学与城市形态学[M]．北京：中国建筑工业出版社，2010．

[28] 卫东风．商业空间设计[M]．上海：上海美术出版社，2013．

[29] 崔冬辉．室内设计概论[M]．北京：北京大学出版社，2007．

[30] 刘盛璜．人体工程学与室内设计[M]．2版．北京：中国建筑工业出版社，2005．